现代
工业腐蚀与防护

李宇春　主编

化学工业出版社

·北京·

　　本书系统地介绍了金属材料在工业领域的新型腐蚀特点及防腐技术。其主要内容包括材料的概念、分类及特点，金属腐蚀的典型分类及工业案例，金属腐蚀程度的表征及研究试验方法，电力系统的腐蚀及防护，石油化工系统的腐蚀及防护，机械航空系统的新型防腐技术，金属材料的腐蚀监测及失效分析，防腐工程的行业特点及腐蚀评估。本书内容翔实，案例典型，实用性、针对性较强。

　　本书可供材料科学与工程、化学工程与技术、机械设备与制造、表面工程技术人员阅读，也可供相关专业的在校师生和研究人员参考。

图书在版编目（CIP）数据

现代工业腐蚀与防护/李宇春主编．—北京：化学
工业出版社，2018.5
ISBN 978-7-122-31783-4

Ⅰ.①现⋯　Ⅱ.①李⋯　Ⅲ.①工业设备-腐蚀-研究
②工业设备-防腐-研究　Ⅳ.①TG17②TB4

中国版本图书馆 CIP 数据核字（2018）第 053044 号

责任编辑：李　琰　宋林青　　　　　　　　装帧设计：关　飞
责任校对：宋　玮

出版发行：化学工业出版社（北京市东城区青年湖南街 13 号　邮政编码 100011）
印　　刷：三河市航远印刷有限公司
装　　订：三河市瞰发装订厂
787mm×1092mm　1/16　印张 12¼　字数 278 千字　2018 年 7 月北京第 1 版第 1 次印刷

购书咨询：010-64518888（传真：010-64519686）　　售后服务：010-64518899
网　　址：http://www.cip.com.cn
凡购买本书，如有缺损质量问题，本社销售中心负责调换。

定　　价：49.00 元

前　言

现代工业腐蚀与防护是关系到电力、石化、航空等行业设备运行的非常关键的环节，涉及整个企业的安全、稳定和经济运行，必须引起高度的重视。

《现代工业腐蚀与防护》汇总了工业防腐蚀技术最新发展及其工程应用，《现代工业腐蚀与防护》重点以电力系统（含燃煤电厂、生物质电厂、核电厂、电网输变电系统）、石油化工系统（含化工厂、炼油厂、油田开采企业）及机械航空系统（含机器人制造企业、航空发动机生产企业、航空材料生产企业）为应用背景，详细分析了金属在特殊条件下发生的腐蚀过程、特点及该领域最新研发的防腐蚀方法及技术。

本书编写组不仅长期从事工业领域金属材料腐蚀防护的教学及研发工作，而且有着与电力、石油、化工、机械制造、航空等行业紧密合作多年的渊源。在本书的编写过程中，得到很多同事和朋友的大力关心与支持，参与编写的人员有：张芳、易球、刘思佳、刘梦、李湘川及李文峥等，本书的编写受到了长沙理工大学十三五校级专业综合改革项目（应用化学）的大力支持，在此表示衷心的感谢。

《现代工业腐蚀与防护》适用于化学工程与工艺、应用化学、材料科学与工程、机械设备与制造、能源动力工程等专业。

由于笔者的水平能力有限，编写时间仓促，书中难免有疏漏与不足之处，望读者不吝批评指正。

编者
2018 年 2 月

目 录

第一章
材料的概念、分类及特点

第一节 材料概况

一、材料的概念

材料是人类用于制造物品、器件、构件、机器或其它产品的物质。材料是人类赖以生存和发展的物质基础。20 世纪 70 年代人们把信息、材料和能源誉为当代文明的三大支柱。20 世纪 80 年代以高技术群为代表的新技术革命，又把新材料、信息技术和生物技术并列为新技术革命的重要标志。这主要是因为材料与国民经济建设、国防建设和人民生活密切相关。

材料除了具有重要性和普遍性以外，还具有多样性。由于材料多种多样，分类方法也就没有统一标准。

二、材料分类

从物理化学属性来分，材料可分为金属材料、无机非金属材料、有机高分子材料和不同类型材料所组成的复合材料。从用途来分，材料又分为电子材料、航空航天材料、核材料、建筑材料、能源材料等。按部位分类就是按材料在空间的使用部位来将材料分类，如建筑材料又可分为内墙材料、外墙材料、顶棚材料和地面材料等；但这种分法确立之后，会遇到一种材料既可以用到室内，也可以用到室外。在室内，一种材料既可以用在地面、墙面，又可以用到顶棚上去，如石材、涂料等。如果一块石片贴到顶棚、墙面、地面上，人们就会对有些材料的分类归属产生疑问。由此看来，要想把材料分清楚，只有从材料的本质及化学组成上来分。

更常见的分类方法则是将材料分为结构材料与功能材料。结构材料是以力学性能为基础，来制造受力构件所用材料，当然，结构材料对物理或化学性能也有一定要求，如光泽、热导率、抗辐照、抗腐蚀、抗氧化等。功能材料则主要是利用物质的独特物理、化学性质或生物功能等形成的一类材料。

还有一种分类方法是将材料分为传统材料与新型材料。传统材料是指已经成熟且在工业中已批量生产并大量应用的材料，如钢铁、水泥、塑料等。这类材料由于其量大、产值高、涉及面广，又是很多支柱产业的基础，所以又称为基础材料。新型材料（先进材料）是指正在发展且具有优异性能和良好应用前景的一类材料。

三、金属材料分类及生产情况

金属材料分为黑色金属和有色金属两大类。黑色金属指铁、锰、铬等金属，一般情况下主要指铁碳合金，包括铸铁、钢及工业纯铁。其中的钢主要是用作房屋、桥梁等的结构材料。在 2001 年到 2011 年的 11 年间，中国粗钢年产量由 1 亿多吨上升到了 6 亿吨，居世界第一。

有色金属包括铝及其合金、铜及其合金、金、银等。中国国家统计局 2012 年 1 月 17 日公布数据显示，中国 2011 年精炼铜产量为 517.9 万吨，较 2010 年增长 14.2%。我国铜的产量和消费量居全世界第一，围绕着铜的加工产业是庞大的，仅仅一个电缆行业的年产值就约有 9000 亿元。

中国电解铝产能自 2001 年以 433 万吨跃居世界第一以来，已经连续十多年稳居世界第一。2011 年，中国铝产量增长 11.2% 至 1755.5 万吨。2011 年中国铝产品产量再创历史新高，其中电解铝以 1806 万吨的产量连续 11 年居世界第一，约占全球总产量的 40%。

2011 年中国锌产量增长 3.8% 至 534.4 万吨，其中 12 月锌产量为 514000 吨，创月度产量纪录高位。2009 年我国铅锌总产量达 806.46 万吨，占我国 10 种有色金属总产量的 30.95%，其中铅产量连续 8 年、锌产量连续 18 年位居世界第一。

第二节 铁碳合金的分类

一、基本分类

铁碳合金根据含碳量及组织划分可以分为三类，即工业纯铁、钢及铸铁。

1. 工业纯铁

含碳量小于 0.0218%，室温显微金相组织为 α 相。

2. 钢

含碳量介于 0.0218%～2.11% 之间，其特点是塑性好、可进行锻造、轧制等压力加工，加热至高温时可以获得均匀的单相奥氏体组织。

碳钢也叫碳素钢，指含碳量小于 2.11% 的铁碳合金。碳钢除含碳外一般还含有少量的硅、锰、硫、磷，按用途可以把碳钢分为碳素结构钢、碳素工具钢和易切削结构钢三类。

碳素结构钢又分为建筑结构钢和机器制造结构钢两种。按含碳量可以把碳钢分为低碳钢（$w_C \leq 0.25\%$）、中碳钢（$w_C = 0.25\%～0.6\%$）和高碳钢（$w_C > 0.6\%$）；按磷、硫含量可以把碳素钢分为普通碳素钢（含磷、硫较高）、优质碳素钢（含磷、硫较低）和高级优质钢（含磷、硫更低）。一般碳钢中含碳量越高，则硬度越高，强度也越高，但塑性较低。

3. 铸铁

含碳量介于 2.11%～6.69% 之间，其特点是结晶时有共晶反应，铸造性能较好，熔点低，减摩性、耐磨性好，生产工艺简单，成本低；在各类机械中，铸铁占所有总金属材料重量的比例达到 40%～70%。铸铁主要包含 Fe，C，Si，Mn，S，P 等元素。

二、碳素结构钢

碳素结构钢根据质量分为普通碳素结构钢和优质碳素结构钢。

1. 普通碳素结构钢

普通碳素结构钢平均含碳量 $w_C = 0.06\%～0.38\%$，钢中的有害物质和非金属夹杂物较多。通常是轧制成钢板或各种型材（圆钢、方钢、工字钢、钢筋）等。

普通碳素结构钢的牌号用代表屈服点的汉语拼音字母＋屈服点数值＋质量等级符号＋脱氧方法符号等表示。牌号中"Q"表示"屈"，A、B、C、D 表示质量等级，它反映碳素结构钢中有害杂质（磷、硫）含量的多少，其中 C、D 级磷、硫含量最低，质量好，可作为重要焊接结构钢。

主要牌号包括 Q195、Q235A、Q255B、Q275C 等。

2. 优质碳素结构钢

硫、磷含量很低，非金属夹杂物也较少，一般是在热处理后使用。

优质碳素结构钢的牌号用两位数字表示：数字表示钢中平均碳质量分数的一万倍，如 40 钢表示含碳量为 0.40%。根据钢中锰的含量不同，优质碳素结构钢分为普通含锰量钢（$w_{Mn} < 0.80\%$）和较高含锰量钢（$w_{Mn} = 0.70\%～1.00\%$）。

3. 碳素工具钢

碳素工具钢要求有高硬度和高耐磨性，而且必须经淬火和低温回火，如 T7、T8 等。

碳素工具钢的牌号是用字母"T"（为碳的汉语拼音）＋数字（表示钢中平均碳含量分数的一千倍）表示，碳素工具钢都是优质钢，若为高级优质碳素工具钢，则在钢后面加字母"A"，如 T7A。

4. 铸造碳钢

"ZG"系"铸钢"二字汉语拼音字首,例如 ZG200-400,后面第一个数字为屈服强度(MPa),第二个数字为抗拉强度(MPa)。

三、铸铁

铸铁是含碳量大于2.11%的铁碳合金(一般不超过4.3%),并含有硅、锰等元素以及硫、磷等杂质。铸铁可以按照碳的存在形式及石墨形态的不同分类,具体分类见图1-1。

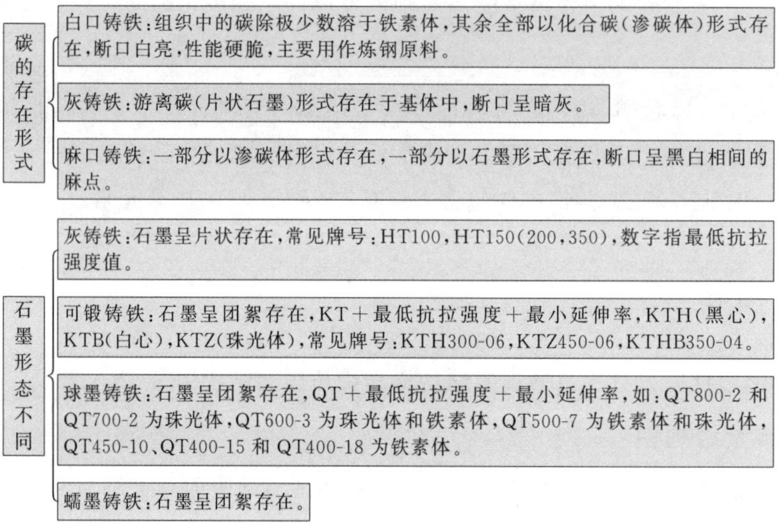

图 1-1　铸铁分类示意

1. 铸造的分类

铸造可按金属液的浇注工艺分为重力铸造和压力铸造。

重力铸造是指金属液在地球重力作用下注入铸型的工艺,也称浇铸。广义的重力铸造包括砂型铸造、金属型铸造、熔模铸造、泥模铸造等;狭义的重力铸造专指金属型铸造。

压力铸造是指金属液在其它外力(不含重力)作用下注入铸型的工艺。广义的压力铸造包括压铸机的压力铸造和真空铸造、低压铸造、离心铸造等;狭义的压力铸造专指压铸机的金属型压力铸造,简称压铸。这几种铸造工艺是目前金属铸造中最常用的且相对价格最低的。

金属型铸造是用耐热合金钢制作铸造用中空铸型模具的现代工艺。金属型铸造既可采用重力铸造,也可采用压力铸造。金属型的铸型模具能反复多次使用,每浇注一次金属液,就获得一次铸件,寿命很长,生产效率很高。金属型的铸件不但尺寸精度好、表面光洁,而且在浇注相同金属液的情况下,其铸件强度要比砂型铸造的铸件更高,更不容易损坏。因此,在大批量生产有色金属的中、小铸件时,只要铸件材料的熔点不过高,一般都优先选用金属型铸造。但是，金属型铸造也有一些不足之处：因为耐热合金钢和在它上面做出中空型腔的加工都比较昂贵，所以金属型铸造的模具费用不菲，不过总体费用和压铸模具费用比起来则便宜。

此外，金属型模具虽然采用了耐热合金钢，但耐热能力仍有限，一般多用于铝合金、锌合金、镁合金的铸造，在铜合金铸造中已较少应用，而用于黑色金属铸造的就更少。

2. 炼钢生铁和铸造生铁的区别

炼钢生铁和铸造生铁的相同点是都可以炼钢。但铸造生铁贵，炼钢不划算。

炼钢生铁含硅量不大于 1.7%，碳以 Fe_3C 状存在。故硬而脆，断口呈白色。

铸造生铁中的硅含量为 $1.25\% \sim 3.6\%$。碳多以石墨状态存在。断口呈灰色。质软、易切削加工。

在高炉中刚从矿石中炼出来的铁水含碳量和杂质都较高，可以用来铸成生铁块送到转炉去炼钢，通常炼钢的时候还要加些含碳量较低的废铁，这种铁水也可以进一步冶炼去掉某些杂质（包括进一步脱碳）和使渗碳体分解（碳化物，为此有时会加入硅，这时候炼钢的时候需要考虑硅含量是不是允许）呈石墨状态析出，用作浇铸铸件（铸铁）。

生铁的含碳量高，在过共晶的范围；铸铁的含碳量低，在亚共晶的范围。

它们进一步冶炼降碳（包括掺低碳的废铁），含碳量进一步降低就成了钢。钢中也常加入其它合金元素，通过冶炼调节钢中的合金元素（包括碳）的比例关系，就炼成了各种型号的钢，这种过程就是炼钢。可见生铁和铸铁都能炼钢用。

钢再降碳就成了纯铁，也叫熟铁。熟铁很软。生铁炼到熟铁主要就是碳含量的降低。

四、合金钢

合金钢按照主要用途可以分为合金结构钢、合金工具钢及特殊性能钢。

合金结构钢主要用于制造重要的机械零件和工程结构等；合金工具钢主要用于制作重要刃具、量具、模具等；特殊性能钢具有某种特殊物理性能、化学性能，如不锈钢、耐热钢、耐磨钢等。

按合金元素含量可以把合金钢分类，包括低合金钢（$w_{Me} < 5\%$）、中合金钢（$w_{Me} < 5\% \sim 10\%$）、高合金钢（$w_{Me} > 10\%$）。

1. 普通低合金结构钢

在热轧、空冷状态使用，组织为珠光体加铁素体，要求焊接性、塑性及韧性都好，所以含碳量很低，一般 w_C 在 $0.10\% \sim 0.25\%$ 之间。

为了提高钢的强度，加入溶于铁素体起固溶强化的元素锰、硅；另外，还可以加入钒、钛等元素，主要是细化晶粒，进一步提高钢的强度和塑性；加入铜、磷等可提高钢材对大气压的抗腐蚀能力。

普通低合金结构钢的常见牌号包括 16Mn、16MnNb、14MnVTiRE 及 15MnVN。

2. 超高强度钢

超高强度钢是用于制造承受较高应力结构件的一类合金钢。一般屈服强度大于 1180MPa、抗拉强度大于 1380MPa，这类钢一般具有足够的韧性及较高的比强度和屈强比，还有良好的焊接性和成形性。

按照合金化程度和显微组织，超高强度钢可分为低合金超高强度钢、中合金超高强度钢和高合金超高强度钢三类。超高强度钢主要用于航空和航天工业。

3. 合金工具钢

合金工具钢是在碳素工具钢基础上加入铬、钼、钨、钒等合金元素以提高淬透性、韧性、耐磨性和耐热性的一类钢种。它主要用于制造量具、刃具、耐冲击工具和冷、热模具及一些特殊用途的工具。

五、不锈钢

所有金属都和大气中的氧气进行反应，在表面形成氧化膜。不幸的是，在普通碳钢上形成的氧化铁还可继续进行氧化，使锈蚀不断扩大，最终形成孔洞。可以利用油漆或耐氧化的金属（例如锌、镍和铬）进行电镀来保证碳钢表面，但是，这种保护仅是一种薄膜。如果保护层被破坏，下面的钢便开始锈蚀。

特殊性能钢具有特殊物理性能或化学性能，用来制造除要求具有一定的机械性能外，还要求具有特殊性能的零件。其种类很多，机械制造中主要使用不锈耐酸钢、耐热钢、耐磨钢。不锈钢是属于一种特殊性能的合金钢。

不锈耐酸钢包括不锈钢与耐酸钢。能抵抗大气腐蚀的钢称为不锈钢。而在一些化学介质（如酸类等）中能抵抗腐蚀的钢称为耐酸钢。

不锈钢在实际应用中，常将耐弱腐蚀介质腐蚀的钢称为不锈钢，而将耐化学介质腐蚀的钢称为耐酸钢。由于两者在化学成分上的差异，前者不一定耐化学介质腐蚀，而后者则一般均具有不锈性。不锈钢的耐蚀性取决于钢中所含的合金元素。铬是使不锈钢获得耐蚀性的基本元素，当钢中含铬量达到 1.2% 左右时，铬与腐蚀介质中的氧作用，在钢表面形成一层很薄的氧化膜（自钝化膜），可阻止钢的基体进一步腐蚀。除铬外，常用的合金元素还有镍、钼、钛、铌、铜、氮等，以满足各种用途对不锈钢组织和性能的要求。

不锈钢通常按基体组织分为以下几种。

(1) 铁素体不锈钢。含铬 12%～30%。其耐蚀性、韧性和可焊性随含铬量的增加而提高，耐氯化物应力腐蚀性能优于其它种类不锈钢。

(2) 奥氏体不锈钢。含铬大于 18%，还含有 8% 左右的镍及少量钼、钛、氮等元素。综合性能好，可耐多种介质腐蚀。

(3) 奥氏体-铁素体双相不锈钢。兼有奥氏体不锈钢和铁素体不锈钢的优点，并具有超塑性。

（4）马氏体不锈钢。强度高，但塑性和可焊性较差。

第三节　金属的牌号及命名

一、牌号

金属材料的牌号是给每一种具体的金属材料所取的名称。钢的牌号又叫钢号。牌号能简便地提供具体金属材料质量的共同概念，从而为生产、使用和管理等工作带来很大方便。

我国金属材料的牌号，一般都能反映出化学成分。牌号不仅证明金属材料的具体品种，而且还可以根据它大致判断其质量。如牌号"Q235"表示屈服强度不低于235MPa的碳素结构钢。

美国对金属牌号的命名体系比较复杂，涉及牌号命名的机构发布了如下多个标准。

AISI　美国钢铁学会（American Iron and Steel Institute）标准

ASTM　美国材料与试验协会（American Society for Testing and Materials）标准

ASME　美国机械工程师协会（American Society of Mechanical Engineers）标准

AMS　航天材料规格（Aerospace Material Specifications），美国航空工业最常用的一种材料规格，由SAE制定

API　美国石油学会（American Petroleum Institute）标准

SAE　美国机动车工程师协会（Society of Automotive Engineers）标准

MIL　美国军用标准（Military Standards）

二、ASTM、SAE 和 AISI 标准中碳素钢和合金钢牌号表示方法

在ASTM、SAE、AISI标准中，碳素钢和合金钢牌号的表示方法基本相同。大都采用四位阿拉伯数字表示，在中间或末尾加入字母。例如：1005、94B15、3140等。四位数字中的前两位数字表示钢种类型及其主要合金元素含量。后两位数字表示钢的平均含碳量为万分之几的数值。

（1）第一位数（或第一、二位数）表示如下类别号。

1：碳素钢，2：镍钢，3：镍铬钢，4：钼钢，5：铬钢，61：铬钒钢，8：低镍铬钢，92：硅锰钢，93、94、97、98：铬镍钼钢。

（2）第二位数（类别号为二位数者无此项）表示如下钢种或合金元素含量。

碳素钢：0：一般碳素钢，1：易切削钢，3：锰结构钢。

钼钢：1：铬钼钢，3和7：镍铬钼钢，6和8：镍钼钢，0、4、5：含钼量不同的钼钢。

镍和镍铬钢：用百分数表示平均含镍量。

铬钢：0：铬含量较低，1：铬含量较高。

低镍铬钢：6、7、8、1表示镍和铬含量一定，钼含量不同。6表示钼含量0.15～0.25，7表示钼含量0.2～0.3，8表示钼含量0.3～0.4，1表示钼含量0.08～0.15。

（3）第三、四位数表示含碳量平均值，以万分之几表示。

有些钢号中间插入B或L：B：含硼钢，L：含铅钢。

末尾加"H"时，表示对淬透性有一定要求的钢种。有些加前置字母"M"或"MT"：M：机械级，MT：机械用管材。

三、不锈钢和耐热钢牌号表示方法

这类钢材主要采用AISI标准的编号系统，牌号由三位阿拉伯数字组成，第一位数表示钢的类别，第二、三位数表示顺序号。

不锈钢的类别号包括五种，分别是沉淀硬化型不锈钢、Cr-Mn-Ni-N奥氏体钢、Cr-Ni奥氏体钢、高铬马氏体和低碳高铬铁素体钢、低碳马氏体钢。

沉淀硬化型不锈钢具有很好的成形性能和良好的焊接性，可作为超高强度的材料在核工业、航空和航天工业中应用。

按成分可分为Cr系（SUS400）、Cr-Ni系（SUS300）、Cr-Mn-Ni（SUS200）及析出硬化系（SUS600）。

200系列：铬-镍-锰 奥氏体不锈钢

300系列：铬-镍 奥氏体不锈钢

301：延展性好，用于成型产品。焊接性好。抗磨性和疲劳强度优于304不锈钢。

302：耐腐蚀性同304，由于含碳量相对要高因而强度更好。

303：通过添加少量的硫、磷使其较容易切削加工。

304：即18/8不锈钢。GB牌号为0Cr18Ni9。

309：较304有更好的耐温性。

316：继304之后，第二个得到最广泛应用的钢种，主要用于食品工业和外科手术器材，添加钼元素使其获得一种抗腐蚀的特殊结构。由于较304具有更好的抗氯化物腐蚀能力因而也作"船用钢"来使用。SS316则通常用于核燃料回收装置。18/10级不锈钢通常也符合这个应用级别。

321：除了因为添加了钛元素降低了材料焊缝锈蚀的风险之外其它性能与304类似。

400系列：铁素体和马氏体不锈钢

408：耐热性好，弱抗腐蚀性，含11%Cr、8%的Ni。

409：最廉价的型号（英美），通常用作汽车排气管，属铁素体不锈钢（铬钢）。

410：马氏体（高强度铬钢），耐磨性好，抗腐蚀性较差。

416：添加了硫改善了材料的加工性能。

420："刀具级"马氏体钢，类似布氏高铬钢这种最早的不锈钢。也用于外科手术刀具，可以做得非常光亮。

430：铁素体不锈钢，装饰用，例如用于汽车饰品。具有良好的成型性，但耐温性和抗腐蚀性要差。

440：高强度刃具钢，含碳稍高，经过适当的热处理后可以获得较高屈服强度，硬度可以达到58HRC，属于最硬的不锈钢之列。最常见的应用例子就是"剃须刀片"。常用型号有三种：440A、440B、440C，另外还有440F（易加工型）。

500系列：耐热铬合金钢。

600系列：马氏体沉淀硬化型不锈钢。

630：最常用的沉淀硬化型不锈钢型号，通常也叫17-4，含有17％Cr、4％Ni。

第四节　金属的力学性能

材料的使用性能包括物理性能、化学性能及力学性能。物理性能包括导电性、导热性、热膨胀性、熔点、磁性、密度等；化学性能主要指材料的耐酸碱、耐腐蚀、抗氧化性能。金属的力学性能指金属材料在不同性质外力作用下表现的抵抗能力，如弹性、塑性、强度、硬度、韧性等。

一、基本力学性能指标

强度指金属材料在外力作用下抵抗塑性变形（不可恢复变形）和断裂的能力。抵抗塑性变形和断裂的能力越大，强度越高。根据受力状况的不同，可分为抗拉、抗压、抗弯、抗扭、抗剪强度等。一般以抗拉强度作为最基本的强度指标。

除低碳钢、中碳钢及少数合金钢有屈服现象外，大多数金属材料没有明显的屈服现象，因此，对这些材料，规定产生0.2％残余伸长时的应力作为条件屈服强度$\sigma_{0.2}$可以替代σ_s，称为条件（名义）屈服强度。屈服强度标志着材料对起始塑性变形的抗力，是工程技术中最重要的机械性能指标之一，设计零件时常以σ_s或$\sigma_{0.2}$作为选用金属材料的依据。

塑性指金属材料在外力作用下产生塑性变形而不破坏的能力。

硬度指金属材料抵抗更硬物体压入的能力，或者说金属表面对局部塑性变形的抵抗能力。它是衡量材料软硬程度的指标。硬度越高，材料的耐磨性越好。根据测定硬度方法的不同，可用布氏硬度（HB）、洛氏硬度（HR）来表示材料的硬度。

冲击韧度指材料在冲击载荷作用下，金属材料抵抗破坏的能力，其值以冲击韧度α_{ku}表示，α_{ku}越大，材料的韧性越好，在受到冲击时越不易断裂。冲击韧度反映了材料抵抗冲击载荷的能力。

二、材料的应力-应变曲线

材料的应力-应变曲线是材料力学性能的一个非常重要的方面，它能准确反映弹性变形、塑性变形及断裂区的若干力学性能指标。图1-2给出了典型的材料的应力-应变曲线示意图。

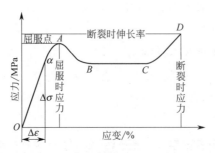

图1-2　材料的应力-应变曲线图

应力-应变曲线的物理意义就是任何时刻试样中真实的应力与应变之间的关系。对于进入塑性变形阶段的金属材料，曲线上某点处的应力值其实也是材料卸载后再重新加载时的屈服极限。从这点来讲，应力-应变曲线可以代表不同应变量下的屈服强度的集合。

三、弹性变形与塑形变形的本质

在应力的作用下，金属内部的晶格发生了弹性的伸长或歪扭，即键长或键角发生轻微变化，原子离开其平衡位置但是位移远小于该方向上原子的间距，外力小于原子间作用力。所以在外力去除后，其变形便可完全恢复。弹性模量反映原子之间作用力的大小。在基体不变的情况下，一般改变固溶体的成分、晶粒大小以及组织形貌，并不能明显改变材料弹性模量的大小。

物体在受到外力时发生形变，去掉外力时变形不回复，这是塑性变形。塑性变形的实质是物体内部的晶粒和晶粒之间发生滑移和晶粒发生转动。

第五节　铁碳合金的金相组织及热处理

一、铁碳合金的基本组织

钢和铸铁是工业上应用最广泛的金属材料，它们都是铁碳合金。不同成分的钢和铸铁的组织都不相同，因此，它们的性能和应用也不一样。铁碳合金中碳原子和铁原子可以有几种不同的结合方式：一种是碳溶于铁中形成固溶体；另一种是碳和铁化合形成化合物；此外，还可以形成由固溶体和化合物组成的混合物。

1. 铁素体（F）

碳溶解于 α-Fe 中的间隙固溶体称为铁素体（简称 α 固溶体），通常用符号 F 表示。晶体结构呈体心立方晶格，碳在 α-Fe 中的溶解度极小，随温度的升高略有增加，在室温时的溶解度仅有 0.008%，在 727℃ 时最大溶解度为 0.0218%。铁素体的性能几乎与纯铁相同，它的强度和硬度较低，σ_b＝250MPa，HBS＝80，塑性和韧性则很高，δ＝50%。

2. 奥氏体（A）

碳溶解于 γ-Fe 中的间隙固溶体称为奥氏体（简称 γ 固溶体），通常用符号 A 表示。晶体结构呈面心立方晶格。由于 γ-Fe 晶格中间隙较大，因此在 727℃ 时能溶解 0.77%碳，在 1148℃ 时的最大溶解度达到 2.11%，奥氏体存在于 727℃ 以上的高温区间，具有一定的强度、硬度，以及很好的塑性，是绝大多数钢在高温进行锻造或轧制时所要求的组织。

3. 渗碳体 Fe₃C

它是铁与碳形成的金属化合物 Fe_3C，含碳量为 6.69%，其晶胞是八面体，晶格构造十分复杂。渗碳体的性能很硬很脆，HBW≈800，δ≈0。渗碳体在钢中主要起强化作用，随着钢中含碳量的增加，渗碳体的数量增多，钢的强度和硬度提高，而塑性下降。

4. 珠光体（P）

珠光体是由铁素体和渗碳体组成的机械混合物，用符号 P 表示，它是由硬的渗碳体片和软的铁素体片层层相间，交错排列而成的组织。所以其性能介于它们两者之间，强度较高，σ_b＝750MPa，HBS＝180，同时保持着良好的塑性和韧性 δ＝（20～25）%。

5. 莱氏体（Ld）

奥氏体与渗碳体的机械混合物称为莱氏体，用符号 Ld 表示。它是 w_C＝4.3%的铁碳合金液体在 1148℃ 发生共晶转变的产物。因奥氏体在 727℃ 时将转变为珠光体，所以在 727℃ 以下，莱氏体由珠光体和渗碳体组成的机械混合物称为低温莱氏体，用符号 Ld' 表示。莱氏体的机械性能和渗碳体相似，硬度很高，塑性很差。

二、钢的热处理

钢的热处理指将钢在固态进行不同程度的加热、保温和冷却，以改变其内部组织，从而获得所需要的性能的一种工艺。热处理的目的是改善钢的性能。

1. 热处理的分类

钢的热处理可以分为两类，分别是普通热处理和表面热处理。

普通热处理包括退火、正火、淬火及回火；表面热处理包括表面淬火和化学热处理（如渗碳、氮化等）。

2. 典型热处理工艺

退火是一种金属热处理工艺，指的是将金属缓慢加热到一定温度，保持足够时间，然后以适宜速率冷却。目的是降低硬度，改善切削加工性；消除残余应力，稳定尺寸，减少变形与裂纹倾向；细化晶粒，调整组织，消除组织缺陷。

正火，又称常化，是将工件加热至 A_{c3}（A_{c3} 是指加热时自由铁素体全部转变为奥氏体的临界温度，一般为 $727\sim912\,℃$ 之间）或 A_{cm}（A_{cm} 是实际加热中过共析钢完全奥氏体化的临界温度线）以上 $30\sim50\,℃$，保温一段时间后，从炉中取出在空气中通过喷水、喷雾或吹风冷却的金属热处理工艺。其目的是使晶粒细化和碳化物分布均匀化用以提高材料硬度，改善加工性能，去除材料的内应力，稳定工件的尺寸，防止变形与开裂。

钢的淬火是将钢加热到临界温度 A_{c3}（亚共析钢）或 A_{c1}（过共析钢）以上温度，保温一段时间，使之全部或部分奥氏体化，然后以大于临界冷却速率的冷速快冷到 Ms 以下（或 Ms 附近等温）进行马氏体（或贝氏体）转变的热处理工艺。通常也将铝合金、铜合金、钛合金、钢化玻璃等材料的固溶处理或带有快速冷却过程的热处理工艺称为淬火。

将经过淬火的工件重新加热到低于临界温度 A_{c1}（加热时珠光体向奥氏体转变的开始温度）的适当温度，保温一段时间后在空气或水、油等介质中冷却的金属热处理工艺。或将淬火后的合金工件加热到适当温度，保温若干时间，然后缓慢或快速冷却。一般用于减小或消除淬火钢件中的内应力，或者降低其硬度和强度，以提高其延展性或韧性。淬火后的工件应及时回火，通过淬火和回火的相配合，才可以获得所需的力学性能。

3. 特殊热处理工艺

调质处理是一种特殊的组合热处理工艺，实际上包括淬火加高温回火工艺。调质处理的目的是使处理材料获得强度、塑性皆佳的综合性能。

三、金属材料的工艺性能

金属材料适应冷热加工的能力，称为加工工艺性能，简称工艺性能。工艺性能好的材料易于承受加工，生产成本低；工艺性能差的材料在承受加工时工艺复杂、困难，不易达到顶级的效果，加工成本也高。

1. 铸造性能

金属材料多数是通过冶炼、铸造而得到的，如各种机械设备的底座，汽轮机、发电机的机壳、阀门，磨煤机的耐磨件等。液体金属浇注成型的能力，称为金属的铸造性能，它包括流动性、收缩率和偏析倾向等。

流动性是指金属对铸型填充的能力。金属的流动性好，可以浇注成外观整齐、薄而形状复杂的零部件。

收缩率是指铸件冷凝过程中体积的减少率，称为体积收缩率。

铸件冷凝时，由于种种原因会造成化学成分的不均匀，叫作偏析。偏析可使材料整体冲击韧性降低，质量变坏。

2. 锻造性能

重要零件的毛坯往往要经过锻造工序，如汽轮机、发电机的主轴、轮毂、叶片，大型水泵和磨煤机的主轴、齿轮等。材料承受锻压成型的能力，称为可锻性。

金属的锻造性能可用金属的塑性和变形抗力（强度）来衡量。金属承受锻压时变形程度大而不产生裂纹，其锻造性能就好。金属的锻造性能取决于材料的成分、组织及加工条件。

通常低碳钢具有较好的可锻性，低碳钢的可锻性最好。随着含碳量的增加，钢的可锻性降低。合金钢的可锻性略逊于碳钢。一般情况下，合金钢中合金元素含量越多，其可锻性越差。铸铁则不能承受锻造加工。

金属的冷热弯曲性能也取决于材料的塑性和强度。材料承受弯曲而不出现裂纹的能力，称为弯曲性能。一般用弯曲角度或弯心直径与材料厚度的比值来衡量弯曲性能。

3. 焊接性能

金属材料采用一定的焊接工艺、焊接材料及结构形式，优质焊接接头的能力，称为金属的焊接性。在电厂中有大量金属结构件是用焊接方法连接的，如锅炉管道、支架、蒸汽导管、管道、风管、汽包、联箱等。

金属的焊接性能主要取决于材料的化学成分，也取决于所采用的焊接方法、焊接材料（焊条、焊丝、焊药）、工艺参数、结构形式等。

衡量一种材料的焊接性，需要做焊接性试验。

影响钢的焊接性能的主要因素是钢的含碳量，随着含碳量的增加，焊后产生裂纹的倾向增大。钢中其它合金元素的影响相应小些。将合金元素对焊接性的影响都折合成碳的影响，即碳当量。

4. 切削性能

金属的切削性能与材料及切削条件有关，如纯铁很容易切削，但难以获得较高的光洁度；不锈钢可在普通车床上加工，但在自动车床上，却难以断屑，属于难加工材料。通常，材料硬度低时切削性能较好，但是对于碳钢来说，硬度如果太低时，容易出现"粘刀"现象，光洁度也较差。一般情况下金属承受切削加工时的硬度在 HB170～230之间为宜。

作业练习

1. 材料的分类有哪些？
2. 黑色金属指的是什么？有什么分类？
3. 最常用的有色金属有哪些？
4. 碳素钢的特点是什么？常用的牌号是怎样规定的？
5. 铸铁有什么类型？
6. 超高强度钢的要求是什么？

7. 特殊性能钢有哪些？其特点分别是怎样的？

8. ASTM 是什么机构？其对金属材料牌号命名的规定是怎样的？

9. 金属的使用性能包含哪些内容？

10. 金属的力学性能是什么？包括哪些具体指标？

11. 绘出金属材料拉伸过程的应力-应变曲线并详细说明各阶段的含义。

12. 铁碳合金的基本组织有哪些？

13. 金属材料的工艺性能有些什么？

第二章
金属腐蚀的典型分类及工业案例

第一节　化学腐蚀及其工业案例

一、腐蚀概念

腐蚀是指材料在其周围环境的作用下发生的破坏或变质现象；腐蚀是材料与环境反应而发生的损坏或变质；腐蚀是除了单纯的机械破坏之外的一切破坏；腐蚀是冶金的逆过程，属于材料与环境的有害反应。以上的定义实际上包括了金属材料和非金属材料的腐蚀，即包括各种金属与合金、陶瓷、塑料、橡胶和其它非金属材料的腐蚀。

金属腐蚀是在金属学、物理化学、电化学、工程力学等学科基础上发展起来的融合多门学科的新兴边缘学科。金属腐蚀学科的主要研究内容如下所示。

① 研究和了解金属材料与环境介质作用的普遍规律，既要从热力学方面研究金属腐蚀进行的可能性，更要从动力学的观点研究腐蚀进行的速率和机理。

② 研究在各种条件下控制或防止设备腐蚀的措施。

③ 研究和掌握金属腐蚀测试技术、发展腐蚀的现场监控方法等。

腐蚀按照机理分类，可以分为化学腐蚀与电化学腐蚀。

二、化学腐蚀

化学腐蚀是指金属表面与非电解质直接发生纯化学作用而引起的破坏；或者，化学腐蚀是指金属与外部介质直接起化学作用，引起材料表面的破坏。

1. 化学腐蚀与电化学腐蚀的区别

化学腐蚀与电化学腐蚀的区别是没有电流产生；腐蚀过程中，电子的传递是在金属与氧化剂之间直接进行的，因而没有电流产生。二者具体的区别及联系如表 2-1 所示。

表 2-1　化学腐蚀和电化学腐蚀的区别及联系

腐蚀分类	化学腐蚀	电化学腐蚀
条件	金属跟氧化剂直接接触	不纯的金属或合金跟电解质溶液接触
现象	无电流产生	有微弱电流产生
本质	金属被氧化的过程	较活泼的金属被氧化的过程
相互关系	化学腐蚀和电化学腐蚀往往同时发生	

化学腐蚀反应历程的特点是在一定条件下，金属表面的原子与非电解质中的氧化剂直接发生氧化-还原反应，形成腐蚀产物。

2. 化学腐蚀的过程特点

化学腐蚀过程开始时，在金属表面形成一层极薄的氧化膜，然后逐步发展成较厚的氧化膜，当形成第一层金属氧化膜后，它可以减慢金属继续腐蚀的速率，从而起到保护作用，但所形成的膜必须是完整的，才能阻止金属的继续氧化。

化学腐蚀的基本过程是介质分子在金属表面吸附和分解，金属原子与介质原子化合，反应产物或者挥发掉或者附着在金属表面成膜，属于前者时金属不断被腐蚀，属于后者时金属表面膜不断增厚，使反应速率下降。

3. 工业中的化学腐蚀

单纯化学腐蚀不普遍、只有在特殊条件下才会发生，所以这类腐蚀的例子较少。例如，锅炉烟气侧温度在露点以上的腐蚀为化学腐蚀，还有化工厂里的氯气与铁反应生成氯化铁，以及铁的高温氧化、钢的脱碳与氢脆等。

金属在干燥气体介质中（如高温氧化、氢腐蚀、硫化等）以及在非电解质溶液中（如苯、酒精等）发生的腐蚀也都是化学腐蚀。

金属与空气接触生成氧化膜就是化学腐蚀的一种。金属表面与机油接触，由于机油中含有有机酸或酸性物质，使零件表面受到强烈腐蚀；燃料与润滑油中含有硫的成分，它对轴承合金的影响很大，对钢铁也有很强的腐蚀作用。金属表面的腐蚀，使金属材料的性质发生很大变化，甚至严重损坏。如有机酸把铜铅合金轴承的铅腐蚀掉，增加了轴承的负荷应力和摩擦系数，加速了磨损，常常引起合金脱落。

4. 钢的高温腐蚀

钢的高温腐蚀是金属在高温下与环境中的 O、S、C 发生反应导致金属的降质或破坏的过程。由于在这个反应过程中，钢等金属在高温腐蚀中往往失去电子而被氧化，所以该过程也称为高温氧化。

5. 合金的氧化

（1）合金的概念及特点

合金是由两种或两种以上的金属与金属或非金属经一定方法所合成的具有金属特性的物质。一般通过熔合形成均匀液体并凝固而得。根据组成元素的数目，可分为二元合金、三元合金和多元合金。

不仅纯金属会发生化学腐蚀性质的金属氧化，合金也一样会发生这样的化学腐蚀，即合金的氧化。

（2）合金氧化的类型

合金的氧化比纯金属复杂得多。当金属 A 作为基体，金属 B 作为添加元素组成合金时，可能发生以下几种类型的氧化。

◇ 只有合金元素 B 发生氧化

◇ 只有基体金属 A 氧化

◇ 基体金属和合金元素都氧化

（3）提高合金抗高温氧化性能的途径

通过合金化方法，在基体金属中加入某些合金元素，可以大大提高其抗高温氧化性能，得到"耐热钢"（铁基合金）和"耐热合金"。

◇ 加入适当合金元素，减少氧化膜中的缺陷浓度

◇ 生成具有良好保护作用的复合氧化物膜

◇ 通过选择性氧化形成保护性优良的氧化物膜

◇ 增加氧化物膜与基体金属的结合力

三、电力工业的汽水腐蚀及其控制

1. 什么是汽水腐蚀

当高参数锅炉蒸汽品质达到亚临界及以上时，过热器在烟气侧承受的温度将达到 580℃以上。而过热器内的过热蒸汽温度超过 450℃时，蒸汽会和钢材料发生反应生成铁的氧化物，使管壁变薄。

这是一种化学腐蚀，因为它是干的过热蒸汽和钢发生化学反应的结果。这种腐蚀被称为汽水腐蚀。

2. 汽水腐蚀的机理

汽水腐蚀常常在过热器中出现；同时，在水平或倾斜度很小的炉管内部，由于水循环不良，出现汽塞或汽水分层时，蒸汽也会过热，出现汽水腐蚀。

高度过热的蒸汽对金属有化学腐蚀作用：蒸汽中的氧和金属结合成氧化物，氢能促使金属发生结晶间的裂缝以及增加金属的脆性，过热器管特别容易受到高温蒸汽的腐蚀。

$$3Fe + 4H_2O \longrightarrow Fe_3O_4 + 4H_2 \qquad (2\text{-}1)$$

汽水腐蚀的过程实质是铁与高温气态水之间反应，生成四氧化三铁和氢的过程。所以，通过安装氢表实时监测过热蒸汽的氢气含量，可以间接反映该处设备发生化学腐蚀的严重程度。

3. 汽水腐蚀的特点

通过分析多台高温高压锅炉高温过热器实际腐蚀的发生和发展情况，发现当蒸汽温度控制在490℃以下运行时，高温过热器腐蚀速率较慢；一旦蒸汽温度高于550℃时，腐蚀速率加快，实际测量的腐蚀速率高达1.5~2.0mm/a。

同时，现场发现处于高温过热器后段蒸汽流程（温度较高）的管腐蚀问题比前段蒸汽流程（温度较低）的管腐蚀问题严重，而且同处于一个烟温区的水冷壁管未发现腐蚀。这与国外文献的研究结论相一致。即当过热器的蒸汽温度小于450℃时，管壁腐蚀基本可以忽略；当蒸汽温度在490~520℃时，管壁腐蚀速率加快；当蒸汽温度大于520℃时，管壁腐蚀速率将急剧加快。现场监测，高温过热器管壁温度与蒸汽温度大致相差50~100℃，也就是说，当高温过热器管壁温度大于620℃时，腐蚀速率加剧。对比所做的碱金属氯化物的熔融试验，可见，高温过热器腐蚀的典型温度腐蚀区间与碱金属氯化物的熔融温度区间相吻合，熔融态的碱金属氯化物对高温过热器腐蚀的发生和发展起了决定性作用。

通过对腐蚀机理研究发现，在整个腐蚀过程中，氯元素起到了催化剂的作用，将铁或铬元素从金属管壁上持续不断地置换出来，造成了管壁腐蚀。显然，只有入炉燃料中含有碱金属和氯元素，且当管壁温度达到腐蚀温度区间时，将必然发生腐蚀。碱金属和氯元素含量多少只会影响腐蚀速率。同时，只要腐蚀一旦发生，则将持续进行，不会停止。

4. 汽水腐蚀的防止

为了防止和延缓高温过热器腐蚀问题，需要从锅炉设计、运行调整和入炉燃料质量等方面进行综合控制，具体如下所述。

（1）在锅炉设计时，要统筹考虑机组热效率和过热器腐蚀这两方面问题，要尽量使过热器的蒸汽温度低于520℃。同时，在设计时，考虑采用耐氯腐蚀好的管材，或在过热器管壁外喷涂防腐层，此外，可以酌情采用烟气再循环来降低高温过热器处的烟气温度。

（2）在锅炉首次点火启动时，要采用油枪进行烘炉，这样油燃烧过程中形成的油灰将粘附于管壁上，阻止碱金属氯化物与金属壁面的直接接触，具有保护作用。

（3）在过热汽温度调整控制时，炉膛内高温过热器出口蒸汽温度宜控制在490℃以下运行。同时，应加强燃烧调整，合理调整一、二次风的配比，特别是，当用燃料粒度小的燃料（如锯末、稻壳）时，要增大二次风量，避免主燃烧区上移，防止在高温过热器的受热面发生二次燃烧。

（4）在对高温过热器管排清焦清灰时，不宜采用机械的清灰方式破坏管壁的保护性覆层。除非将管壁表面进行彻底的清理，采用喷砂方式彻底将粘附的氯化铁除掉。

（5）严把入炉燃料质量关，严禁腐蚀性元素（硫、氯）含量高的燃料入炉。同时，加强入炉燃料掺配工作，一定要从燃料的易燃性、粒度、水分、灰分、热值上综合考虑，确保入炉燃料品质的稳定性。

四、生物质锅炉工业的过热器烟气侧熔盐腐蚀

1. 生物质锅炉过热器的腐蚀

对于生物质锅炉而言，在温度超过 $550\,^\circ\mathrm{C}$ 的情况下，经分析多台锅炉机组高温过热器的腐蚀现象，可确定判别腐蚀类型为碱金属氯化物的熔融腐蚀，腐蚀现象的发生和发展速率与管壁温度有直接关系。应该指出，烟气中的氯化氢（HCl）也导致了高温过热器管子的腐蚀，但不是主要原因。

2. 碱金属氯化物的熔融腐蚀过程

碱金属氯化物的熔融腐蚀过程具体包括下面几个步骤。

（1）碱金属氯化物的生成　在生物质燃烧过程中，大量的氯、硫元素与挥发性的碱金属元素（主要是钾和钠）以蒸气形态进入到烟气中，会通过均相反应形成微米级颗粒的碱金属氯化物（氯化钠和氯化钾），凝结和沉积在温度较低的高温过热器管壁上。

（2）碱金属氯化物的硫酸盐化　凝结和沉积在管子外表面的碱金属氯化物（氯化钠和氯化钾），将与烟气中的二氧化硫发生硫酸盐化反应，并生成氯气，见式(2-2)和式(2-3)。

$$2NaCl + SO_2 + O_2 \longrightarrow Na_2SO_4 + Cl_2 \tag{2-2}$$

$$2KCl + SO_2 + O_2 \longrightarrow K_2SO_4 + Cl_2 \tag{2-3}$$

（3）氯气扩散，与铁反应生成氯化亚铁　碱金属硫酸盐化反应中会产生氯气的过程发生在积灰层，在靠近金属表面会聚集浓度非常高的氯气，其浓度远高于烟气中的氯气。由于部分氯气是游离态，能够穿过多孔状垢层进行扩散，通过式(2-4)与铁反应生成氯化亚铁。因管壁金属与腐蚀垢层的分界面上的氧气分压力几乎为零，即在还原性气氛下，氯气能够与金属铁反应生成氯化亚铁，且氯化亚铁是稳定的。

$$Fe + Cl_2 \longrightarrow FeCl_2 \tag{2-4}$$

（4）氯化亚铁氧化生成氯气。由于氯化亚铁熔点约为 $280\,^\circ\mathrm{C}$，所以在管壁温度高于 $300\,^\circ\mathrm{C}$ 时，氯化亚铁发生汽化，并通过垢层向烟气方向扩散。由于氧气分压力较高，即在氧化性气氛条件下，氯化亚铁将与氧气发生反应，生成氧化铁和氯气。氯气为游离态，能够扩散到金属与腐蚀层的交界面上从而与金属再次发生反应。

3. 碱金属氯化物的熔融腐蚀机理

在整个腐蚀过程中，氯元素起到了催化剂的作用，将铁元素从金属管壁上置换出来，最终导致了严重的腐蚀，具体过程见图 2-1。此外，以上仅以铁（Fe）元素为例进行了说明，合金钢中的铬（Cr）元素的化学反应机理与铁（Fe）元素相同。

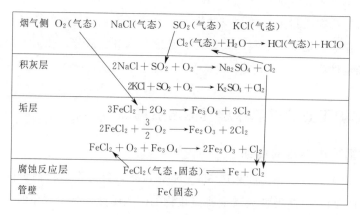

图 2-1　锅炉过热器管壁烟气腐蚀示意

由上述各种试验分析可见，管壁锈层中含有起腐蚀作用的有 O、S、K、Na 等，从而使过热器发生氧化和硫的腐蚀，一般硫的腐蚀速率要大于氧化速率，总的腐蚀速率大于单纯的氧化速率，而且温度越高，腐蚀速率越快。有硫原子存在时，当管壁温度为 350～550℃ 时，只发生一般高温硫化，即

$$Fe + S \longrightarrow FeS \tag{2-5}$$

$$3FeS + 5O_2 \longrightarrow Fe_3O_4 + 3SO_2 \tag{2-6}$$

当沉积在过热器管壁上的灰尘中含有硫及碱金属（K、Na）时，在一定条件下，会形成复合硫酸盐，在 550～700℃ 范围内，复合硫酸盐处于熔化状态，它会对过热器产生比较严重的腐蚀，其主要反应为：

$$2FeS_2 + \frac{11}{2}O_2 \longrightarrow Fe_2O_3 + 4SO_2 \tag{2-7}$$

$$SO_2 + \frac{1}{2}O_2 \longrightarrow SO_3 \tag{2-8}$$

4. 碱金属氯化物的熔融腐蚀特征

管壁温度大于 550℃ 时便发生复合硫酸盐腐蚀，小于 550℃ 时只是硫腐蚀和一般的氧腐蚀。X 射线衍射分析表明锈层中存在复合硫酸盐，也充分证明管壁曾有过热。

由于碱金属、硫、氯的作用，烟气中除含有粉尘颗粒外，还含有低熔点的碱金属氯化物、碱金属硫酸盐等产物，其在 650～700℃ 以下凝结，易把粉尘粘附在管壁上。由于颗粒的撞击作用，在迎火面的管壁上粘附较重。而在背火面，由于管道尤其是粘附粉尘后所产生的涡流作用，管壁受到粉尘的强烈冲扫，不但粉尘无法粘附，锈层还易脱落，管基体总裸露于腐蚀气氛中，故腐蚀作用强，磨蚀和腐蚀的双重作用使背火面的管壁最薄，而粘附物料的迎火面，与管壁接触表层物料中的腐蚀成分反应后，粘附层反而对腐蚀起到了隔离作用，同时也避免了粉尘的磨蚀作用，所以迎火面管壁最厚。

五、钢铁工业的高温氧化

1. 氧化膜的组成

在 570℃ 以下，氧化膜包括氧化铁和四氧化三铁两层；在 570℃ 以上，氧化膜分为三层，

由内向外依此是 FeO、Fe_3O_4、Fe_2O_3。三层氧化物的厚度比为 $100:(5\sim10):1$，即 FeO 层最厚，约占 90%，Fe_2O_3 层最薄，占 1%。这个厚度比与氧化时间无关，在 $700^\circ C$ 以上也与温度无关。

2. 氧化膜的结构

FeO 是 p 型氧化物，具有高浓度的 Fe^{2+} 空位和电子空位。Fe^{2+} 和电子通过膜向外扩散（晶格缺陷向内表面扩散）。Fe_2O_3 为 n 型氧化物，晶格缺陷为 O^{2-} 空位和自由电子，O^{2-} 通过膜向内扩散（O^{2-} 空位向外界面扩散）。Fe_3O_4 中 p 型氧化物占优势，既有 Fe^{2+} 的扩散，又有 O^{2-} 的扩散。

3. 耐热钢的高温抗氧化性

作为耐热钢基础的 Fe-Cr 合金，其优良的耐高温氧化性能来自几个方面：Cr 的选择性内部氧化，两种氧化物生成固溶体的反应，两种氧化物生成尖晶石型化合物 $FeO \cdot Cr_2O_3$（$FeCr_2O_4$）的反应。

提高钢铁抗高温氧化性能的主要合金元素，除 Cr 外还有 Al 和 Si。虽然 Al 和 Si 的作用比 Cr 更强，但加入 Al 和 Si 对钢铁的机械性能和加工性能不利，而 Cr 能提高钢材的常温强度和高温强度，所以 Cr 成为耐热钢必不可少的主要合金元素。

六、航空发动机排气管的脱碳

在发动机燃烧的烟道气中，若含有过量空气，对钢铁的腐蚀有很大的影响。氧的过剩量越大，则腐蚀速率越大，CO 的作用正好相反，量越大腐蚀越小。

当高温气体中含有水蒸气、氢气等时，在与氧化膜相邻近的钢中会发生"脱碳"现象——反应生成的气体产物（CO_2、CO、H_2、CH_4）离开钢铁表面，而钢铁内部的碳又逐渐扩散到表面，继续发生反应，造成表面下有相当厚的一层完全缺碳而变为铁素体。

在钢中加合金元素 W 或 Al 可以减少脱碳倾向，原理是使碳在钢的扩散速率降低。

七、机械工业铸铁的"长大"

铸铁的"长大"是由于腐蚀性气体沿铸铁的晶界发生氧化，以及沿石墨夹杂物渗进铸铁内部而发生内部氧化的结果。本质上，是一种铸铁的晶间气体腐蚀现象，随着腐蚀的进行伴有工件的尺寸显著增加。

铸铁"长大"严重时，可以使尺寸增加 $12\%\sim15\%$ 以上，造成机械强度几乎全部丧失。

防止方法：可加入较高量的硅（如 $5\%\sim15\%$），制成硅铸铁。

八、炼油工业钢在高温高压下的氢腐蚀

钢在高温高压下的氢腐蚀是指与氢接触的高温高压设备出现氢渗入到钢铁内部而引起的钢的脆化腐蚀，该种腐蚀主要发生在合成氨工业或石油加氢工业。

1. 氢腐蚀的渊源

氢腐蚀最早是在生产氨的容器上发现的。炼油厂的加氢精制、加氢裂化、铂重整的预加氢等装置，均使材料面临苛刻的高温高压氢环境。高温、高压氢环境中，氢扩散后，与钢中的碳及 Fe_3C 反应产生甲烷，会造成表面严重脱碳和沿晶网状裂纹，使钢的强度和塑性大幅度下降。

2. 氢腐蚀的过程

高温高压下氢腐蚀的发展分为两个阶段：氢脆阶段和氢蚀阶段。前者指氢腐蚀的初期阶段，该阶段期间 H 原子扩散进入钢铁内部，但是并没有发生进一步的反应，所以 H 原子扩散是可逆的，采用低温烘烤的方法即可脱氢。

在钢材料微观变化上，氢腐蚀大致分三个阶段：①孕育期，在此期间晶界碳化物及其附近有大量亚微型充满甲烷的鼓泡形核，钢的力学性能没有明显变化；②迅速腐蚀期，小鼓泡长大达到临界密度后，便沿晶界连接起来形成裂纹，钢的体积膨胀，力学性能迅速下降；③饱和期，裂纹彼此连接的同时，碳逐渐耗尽，钢的力学性能和体积不再改变。

3. 氢腐蚀的机理

氢蚀阶段是氢腐蚀的后期阶段，在该阶段主要发生的反应见式(2-9)。反应的产物是甲烷，从而造成钢的脱碳，并且产生的甲烷气体形成内部压力，从而引起局部破裂或爆裂。

$$Fe_3C + 2H_2 \longrightarrow 3Fe + CH_4 \tag{2-9}$$

生成的甲烷在钢中扩散能力很低，聚集在晶界原有的微观空隙内。该区域的碳浓度随着反应的进行而降低，由于碳浓度梯度的存在，别处的碳不断地通过扩散而补充到该区域，使反应持续进行。这样甲烷的量将不断增多，形成高压，造成应力集中，使甲烷聚集的晶界形成裂纹。在靠近表面的夹杂等缺陷处会形成气泡，最终造成钢表面出现鼓泡。裂纹和鼓泡出现后，使钢的性能恶化，造成氢腐蚀损伤。

甲烷的产生，使得晶界附近脱碳，随着碳的不断扩散和反应的不断进行，新生裂纹处甲烷、氢、碳的浓度均较低，使得碳、氢向其中扩散更容易。随着此过程的不断进行，在晶界形成网状裂纹，钢的强度、塑性大幅度下降。

4. 氢腐蚀的控制

① 提高温度和压力均会增加腐蚀速率。压力一定时，提高温度可缩短孕育期；温度一定时，提高氢分压也可缩短孕育期。当温度或压力低于某一临界值时，将不发生氢腐蚀。如

果氢分压较低而温度较高，氢腐蚀生成的甲烷一部分逸出钢外，钢中残剩的甲烷不足以引起氢腐蚀裂纹或鼓泡，钢只发生脱碳。

② 钢中含碳量增加，会促进甲烷的产生，氢腐蚀倾向增加。钢中含有镍、铜等非碳化物形成元素时，由于这些元素促进碳的扩散，氢腐蚀倾向增加。钢中含有铬、铝、钛、铌、钒等碳化物形成元素时，由于这些元素阻碍碳化物的分解，而使氢腐蚀的倾向下降。因此，碳化物形成元素是抗氢腐蚀钢的主要合金元素。对于钢在高温高压下氢腐蚀的防止，目前主要采取的措施为降低钢中含碳量。

另外，降低钢中的夹杂物含量或者将碳化物处理成球状，均可降低钢的氢腐蚀倾向。

③ 表面堆焊超低碳不锈钢。氢在超低碳奥氏体不锈钢中，不仅溶解度小，而且扩散速率慢，因此，表面堆焊超低碳奥氏体不锈钢对防止基体材料氢腐蚀很有效。

④ 预先的冷加工变形会加大钢的组织和应力的不均匀性，提高了钢中碳、氢的扩散能力，使氢腐蚀加速。冷加工后的再结晶退火能降低由冷加工引起的氢腐蚀倾向。

九、炼油厂的高温硫化

炼油厂的高温气体中常含有硫蒸气、二氧化硫或硫化氢等成分，这些成分可起氧化剂的作用。金属和高温含硫介质作用生成金属硫化物而变质的过程称为金属的高温硫化。

高温硫化对炼厂设备的破坏是很严重的。在加工含硫原油时，在设备高温部分（240～425℃）会出现高温硫的均匀腐蚀。腐蚀过程中，首先是有机硫化物转化为硫化氢和元素硫，硫化氢与金属发生腐蚀反应，它们的腐蚀反应如式(2-10) 所示。

$$Fe + H_2S \longrightarrow FeS + H_2 \tag{2-10}$$

硫化氢在350～400℃仍能分解出单质硫和氢气，分解出的元素单质硫比硫化氢的腐蚀还激烈，如式(2-11) 所示。

$$Fe + S \longrightarrow FeS \tag{2-11}$$

硫化作用比氧化快。在大气或燃烧产物（烟气）中有含S气体存在时，都会加速金属的腐蚀破坏，其主要原因如下所述。

（1）金属硫化物与参加硫化的金属体积的比值大于金属氧化物与参加氧化的金属体积的比值。例如，硫化亚铁、硫化锰、硫化铬和硫化铜等的体积与相应金属体积之比一般为2.5～3.0，形成的硫化物膜有较大的内应力，易于破裂。

（2）金属硫化物的晶格缺陷浓度比相应氧化物的要高，因此，硫化物中离子的扩散能力较高，硫化速率快。

（3）与金属氧化物相比，金属硫化物的熔点低得多，特别是当生成某些硫化物的共晶体时，熔点更低。

第二节　电化学腐蚀及其特征

一、什么是电化学腐蚀?

电化学腐蚀是指金属表面与离子导电的介质发生电化学作用而产生的破坏。任何以电化学机理进行的腐蚀反应至少包含一个阳极反应和一个阴极反应，并以流过金属内部的电子流和介质中的离子流形成回路。

阳极反应是金属离子从金属转移到介质中并放出电子，即阳极氧化过程；阴极反应是介质中的氧化剂组分吸收来自阳极的电子的还原过程。例如，如图2-2所示，碳钢在酸液中腐蚀时，在阳极区铁被氧化为Fe^{2+}，所放出的电子由阳极（Fe）流至钢中的阴极（Fe_3C）上，被H^+吸收而还原成氢气，即

$$阳极反应：\qquad Fe \longrightarrow Fe^{2+} + 2e^- \qquad\qquad (2\text{-}12)$$

$$阴极反应：\qquad 2H^+ + 2e^- \longrightarrow H_2\uparrow \qquad\qquad (2\text{-}13)$$

$$总反应：\qquad Fe + 2H^+ \longrightarrow Fe^{2+} + H_2\uparrow \qquad\qquad (2\text{-}14)$$

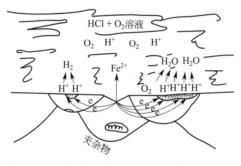

图 2-2　碳钢在含氧的稀盐酸中的腐蚀

由此可见，电化学腐蚀的特点在于，它的腐蚀历程可分为两个相对独立并可同时进行的过程。在被腐蚀的金属表面上一般存在隔离的阳极区和阴极区，腐蚀反应过程中电子的传递可通过金属从阳极区流向阴极区，因而有电流产生。这种电化学腐蚀所产生的电流与反应物质的转移，可通过法拉第定律定量地联系起来。

二、电化学腐蚀过程

电化学腐蚀是最普遍、最常见的腐蚀，如锅炉在水侧的腐蚀即属电化学腐蚀。

电化学腐蚀过程是由于介质中存在着平衡电极电位高于金属的平衡电极电位的氧化性物质而引起的。这种氧化性物质的电极反应和金属的电极反应构成了原电池中的阴极

反应和阳极反应，氧化性物质发生还原反应，金属发生氧化反应，因此在阴极和阳极间有电流流动。然而，腐蚀过程中形成的这种原电池作用，其阴极和阳极间是短路连接的，所以这种电池不能对外界做有用功，腐蚀反应过程中的化学能转变为无法利用的热能散失在环境中。

因而，从热力学的角度看，腐蚀过程中进行的电化学反应，其方式是最不可逆的。一般把这种只是导致金属材料破坏而不能对外界做有用功的短路原电池称为腐蚀原电池。

三、电化学腐蚀的组成

一个腐蚀原电池必须包括阴极、阳极、电解质溶液和外电路四个部分。金属发生腐蚀时，腐蚀电池主要是金属阳极溶解过程，即金属离子化过程，如 $Fe \longrightarrow Fe^{2+} + 2e^-$；溶液中的氧化性物质的阴极还原过程，如 $2H^+ + 2e^- \longrightarrow H_2$，$O_2 + 4H^+ + 4e^- \longrightarrow 2H_2O$；以及电子和离子的定向流动等过程所组成。

从电化学腐蚀的历程可知，金属的腐蚀破坏集中在金属的阳极区域，在金属的阴极区域不会有可以察觉的腐蚀损失。同时，由于腐蚀电池工作时，上述三个过程是彼此独立进行的，但又是串联在一起的，因而只要其中某个过程的进行受到阻滞，就会使整个腐蚀过程受到阻滞，金属的腐蚀速率就减缓。如能弄清一个过程的进行受到阻滞的原因，就可以设法采取某些措施来防止或减缓金属的腐蚀。

在金属腐蚀中，除了了解腐蚀电池阳极过程的反应和阴极过程的反应的产物在电解质溶液中进一步发生的变化，就是所谓电化学腐蚀的次生过程。这是因为这种次生过程可能生成难溶化合物，若它们沉积在金属表面上会对金属的腐蚀过程的进行产生影响。

四、电化学腐蚀的结果

在电化学腐蚀电池工作时，靠近阳极的电解质溶液中，由于金属的阳极溶解使金属离子的浓度比溶液本体的浓度高；阴极附近的溶液中 pH 值升高，这是由于 H^+ 在阴极上还原使其浓度减少，或是溶解氧分子的阴极还原使 OH^- 增大而造成的。于是在电解质溶液中就出现了金属离子的浓度和溶液的 pH 值不同的区域。

这种带电粒子的浓度差异和极性关系将引起粒子的扩散和迁移。金属离子将离开浓度高的阳极附近区域，向阴极方向移动；而阴极区的 OH^- 则向相反方向移动，这样阴极区和阳极区之间的中间部位有可能生成难溶的金属氢氧化物，如：

当 pH > 5.5 时，　　　　　$Fe^{2+} + 2OH^- \longrightarrow Fe(OH)_2 \downarrow$ 　　　　　(2-15)

　　pH > 5.2 时，　　　　　$Zn^{2+} + 2OH^- \longrightarrow Zn(OH)_2 \downarrow$ 　　　　　(2-16)

　　pH > 4.1 时，　　　　　$Al^{3+} + 3OH^- \longrightarrow Al(OH)_3 \downarrow$ 　　　　　(2-17)

与此同时，由于极性关系，溶液中的其它阳离子也会向阴极区迁移，其它阴离子向阳极区迁移。

在某些情况下，腐蚀的次生过程更为复杂。若金属的腐蚀产物有更高价态时，产物可能被水溶液中的溶解氧进一步氧化。例如，铁腐蚀时的次生过程的产物氢氧化亚铁可被溶解氧氧化为氢氧化铁或氧化铁：

$$4Fe(OH)_2 + O_2 + 2H_2O \longrightarrow 4Fe(OH)_3 \downarrow \tag{2-18}$$

$$4Fe(OH)_2 + O_2 \longrightarrow 2Fe_2O_3 \cdot H_2O + 2H_2O \tag{2-19}$$

五、电化学腐蚀的本质

金属的电化学腐蚀实质上是一个短路的原电池作用的结果，这种原电池也称为腐蚀原电池，其在本质上是一个自发的熵增序减过程。

由于电化学腐蚀的自发性，所以在工程上，电化学腐蚀成了影响设备装置正常安全运行的重大障碍；电化学腐蚀对工业造成的经济损失是非常巨大的。

由于工业各领域电化学腐蚀的形式多种多样，工业案例很多，所以会在后面章节中介绍新型的工业电化学腐蚀形式及其防止、控制方法。

第三节　腐蚀形态分类

一、全面腐蚀或均匀腐蚀

金属表面几乎全面和均匀地遭受腐蚀称为全面腐蚀或均匀腐蚀。

二、局部腐蚀

金属表面只有一部分遭受腐蚀而其它部分基本上不腐蚀的称为局部腐蚀。局部腐蚀又可分为以下几种。

（1）电偶腐蚀

电偶腐蚀是由两种腐蚀电位不同的金属在同一介质中相互接触而产生的一种腐蚀。腐蚀电位较正的金属为阴极，电位较负的为阳极。阳极金属的溶解速率较其原来的腐蚀速率有所增加，阴极金属则有所降低。这种腐蚀是由不同的金属组成阴极、阳极，因此称电偶腐蚀，又称双金属腐蚀；又因其在两金属接触处发生，所以又称接触腐蚀。它是由宏观电池引起的局部腐蚀。如凝气器的铜管及其花板、不同材质管道连接处都可能发生这种腐蚀。

（2）点蚀

点蚀又称小孔腐蚀，是一种极端的局部腐蚀形态。蚀点从金属表面发生后向纵深发展的速率大于或等于横向发展的速率，腐蚀的结果是在金属表面上形成蚀点或小孔，而大部分金属则未受腐蚀或仅是轻微腐蚀，这种腐蚀形态称为点蚀或小孔腐蚀。它常发生在金属表面钝化膜不完整或受损的部位。

（3）缝隙腐蚀

金属在介质中，在有缝隙的地方或被他物覆盖的表面上发生较为严重的局部腐蚀，这种腐蚀称为缝隙腐蚀，有时也称沉积腐蚀或垫衬腐蚀。这类腐蚀与金属表面上有少量积滞溶液有关。金属重叠或金属表面有沉积物或垫衬时，或金属上有孔隙时，都可以造成少量溶液的积滞。

（4）晶间腐蚀

在金属晶界上或其邻近区发生剧烈腐蚀，而晶粒的腐蚀则相对很小，这种腐蚀称为晶间腐蚀。腐蚀的结果是合金的强度和塑性下降或晶粒脱落，金属破碎，设备过早损坏。晶间腐蚀是由于晶界区有新的相形成，金属中某些合金元素增多或减少，晶界变得非常活泼而发生的。这种腐蚀不易检查，设备会突然损坏，造成较大的危害。工程技术上用的许多合金都会发生晶间腐蚀，如铁基合金，特别是各种不锈钢（Fe-Cr、Fe-Ni-Cr、Fe-Mn-Ni-Cr 等）、镍基合金（Ni-Mo、Ni-Cr-Mo）以及铝基合金（Al-Cu、Al-Mg-Si）等。

（5）选择性腐蚀

合金中的某一部分由于腐蚀优先地溶解到电解质溶液中去，从而造成另一组分富积于金属表面上，这种腐蚀称为选择性腐蚀。例如，黄铜的脱锌、铝黄铜在酸中脱铝都属于这类腐蚀。

（6）磨耗腐蚀

磨耗腐蚀是腐蚀性流体和金属表面的相对运动引起的金属快速腐蚀。这种相对运动的速率很快，所以金属的损坏还包括机械磨损。金属腐蚀后，或以离子态离开金属表面，或生成固态的腐蚀产物受流体的机械冲刷离开金属表面。

磨耗腐蚀的外表特征呈槽、沟、波纹、圆孔和小谷形，还常常显示方向性。

（7）应力腐蚀

应力腐蚀包括应力腐蚀破裂和腐蚀疲劳。

应力腐蚀破裂常称 SCC（Stress Corrosion Cracking），是由应力和特定的腐蚀介质共同引起的金属破裂。这种破裂开始只有一些微小的裂纹，然后发展为宏观裂纹。裂纹穿透金属或合金，其它大部分表面实际不受腐蚀。裂纹因受许多因素的综合影响而有不同的形态，微裂纹有穿晶、晶界和混合型三种。穿晶裂纹穿越晶粒延伸，晶界裂纹沿晶界延伸，混合型裂纹则穿晶和晶界两种延伸同时存在。主干裂纹之外，还有许多分支同时存在。

腐蚀疲劳是指金属在腐蚀介质和交变应力同时作用下产生的破坏。汽轮机处于湿蒸汽区的叶片可能产生腐蚀疲劳。

（8）氢损伤

金属中存在氢或与氢反应引起的机械破坏，统称氢损伤。氢损伤有氢鼓泡、氢脆和氢腐蚀。原子氢（H）是唯一能扩散至钢和其它金属的物质，分子态的氢（H_2）就不能扩散渗入金属，因此只有原子态的氢才能引起氢损伤。

氢鼓泡是腐蚀反应或阴极保护产生的氢原子引起的氢原子大部分复合成氢分子逸出，有一部分扩散到金属内部，当扩散到金属内部某一空穴内，氢原子复合成氢分子，氢分子不能扩散，就在空穴内积聚，在金属内部产生巨大压力，导致金属材料破坏。

氢脆是氢扩散到金属内部使金属产生脆性断裂的现象。

氢腐蚀是由于氢与金属中第二相（例如合金添加剂）交互作用生成高压气体，引起金属材料的脆性破裂。

三、腐蚀环境分类

（1）干腐蚀

干腐蚀可以分为失泽和高温氧化两种。

失泽指金属在露点以上的常温干燥气体中腐蚀（氧化），生成很薄的表面腐蚀产物，使金属失去光泽，为化学腐蚀机理。

（2）湿腐蚀

湿腐蚀指在液体或者具有导电能力的溶液环境下发生的腐蚀。湿腐蚀可以分为大气腐蚀、海水腐蚀、微生物腐蚀、电解质溶液中的腐蚀、非电解质溶液中的腐蚀。其中，大气环境（尤其是海水条件下的大气腐蚀）下湿腐蚀已经成为工业领域的一大关键技术难题，急需可靠的技术来进行控制。

由于工业环境的复杂性，湿腐蚀成了工业设备的主要腐蚀形式。

第四节　金属在海水中的腐蚀与特征

一、海洋环境的特点

海洋拥有极其丰富的资源，可供人类开发并将有力地推动世界经济的可持续发展。金属腐蚀由于其隐蔽性、缓慢性、自发性、自催化性常常被人们忽视，寻找最佳有效的防腐蚀和控制腐蚀方法，已成为当代最重要的课题之一。

海洋占地球表面积的 70.9%，我国的海岸线长达 1.8 万多公里，海洋自然资源丰富。随着陆地上资源的日趋匮乏，开发海洋资源，发展沿海经济，对国民经济建设具有重大的战略意义。

海水中含有许多盐类，是天然的电解质，常用的金属和合金在海水中大多数会遭到腐蚀。例如，船舶的外壳、螺旋桨、海港码头的各种金属设施、海上采油平台和输油管道、海中电缆等都会遭到海水的严重腐蚀。

二、海水的物理化学性质

1. 海水中的盐类

海水中含有许多盐类，表层海水含盐量一般在 3.20%～3.75% 之间，随水深的增加，海水含盐量略有增加。相互联通的各大洋的平均含盐量相差不大，太平洋为 3.49%，大西洋为 3.54%，印度洋为 3.48%。海水中的盐主要为氯化物，占总盐量的 88.7%（见表2-2）。

表 2-2　海水中主要盐类的含量

成　　分	100g 海水中盐类的含量/g	占总盐量/%	成　　分	100g 海水中盐类的含量/g	占总盐量/%
NaCl	2.7123	77.8	K_2SO_4	0.0863	2.5
Mg_2Cl	0.3807	10.9	$CaCl_2$	0.0123	0.3
$MgSO_4$	0.1658	4.7	$MgBr_2$	0.0076	0.2
$CaSO_4$	0.1260	3.6			

由于海水总盐量高，因此具有很高的电导率，海水平均电导率约为 $4\times10^{-2}\,S/cm$，远远超过河水（$2\times10^{-4}\,S/cm$）和雨水（$1\times10^{-3}\,S/cm$）的电导率。

2. 海水 pH 值

海水 pH 值通常为 8.1～8.2，且随海水深度变化而变化。若植物非常茂盛，CO_2 减少，溶解氧浓度上升，pH 值可接近 10；在有厌氧性细菌繁殖的情况下，溶解氧量低，而且含有 H_2S，此时 pH 值小于 7。

3. 海水含氧量

海水含氧量是海水腐蚀的主要因素之一，正常情况下，表面海水氧浓度随水温大致在 5～10mg/L 范围内变化。

4. 海水的温度

海水温度一般在 -2～35℃ 之间，热带浅水区可能更高。

三、海水的电化学腐蚀特点

1. 传统的微电池腐蚀

海水是复杂的电解质溶液，并溶有一定量的氧，电化学腐蚀原理对海水腐蚀是适用的，而且大多数金属材料在海水中都属于去极化腐蚀，即氧是海水腐蚀的去极化剂。海水腐蚀速率主要由阴极氧的去极化所控制，在这种情况下腐蚀速度由氧到达金属表面的扩散步骤所控制。一种金属浸在海水中，由于金属及合金表面成分不均匀性、相分布不均匀性、表面应力应变的不均匀性以及其它微观不均匀性，导致金属与海水界面上电极电位分布的微观不均匀性。金属表面就会形成无数个腐蚀微电池，出现阴极区和阳极区。

2. 宏电池腐蚀

除了传统的微电池腐蚀，在海水中当同一金属材料表面温度不同、氧含量不同或受应力不同还会产生宏电池腐蚀。

焊接材料与基材之间存在物理化学性质差异时也会产生宏电池腐蚀。在两种不同金属材料浸在海水中并相互接触的情况下就会发生另一种宏电池腐蚀——电偶腐蚀。故海水腐蚀是典型的电化学腐蚀。

3. 海水的腐蚀特点

海水是典型的电解质溶液，其腐蚀有如下鲜明的特点。

（1）高电导率

由于海水的电导率很高，海水腐蚀的电阻性阻滞很小，所以海水腐蚀中金属表面形成的微电池和宏观电池都有较大的活性。海水中不同金属接触时很容易发生电偶腐蚀，即使两种金属相距数十米，只要存在电位差并实现电连接，也可发生电偶腐蚀。

（2）高氯离子含量

因海水中氯离子含量很高，因此大多数金属，如铁、钢、铸铁、锌、镉等，在海水中是不能建立钝态的。海水腐蚀过程中，阳极的极化率很小，因而腐蚀速率相当高。

海水中易出现小孔腐蚀，孔深也较深。

（3）高含氧量

中性海水溶解氧较多，除镁及其合金外，绝大多数海洋结构材料在海水中腐蚀都是由氧的去极化控制的阴极过程。一切有利于供氧的条件，如海浪、飞溅、增加流速，都会促进氧的阴极去极化反应，促进钢的腐蚀。

四、海水的微生物腐蚀机理

1. 海水微生物腐蚀的概念

海洋中生存着多种动植物和微生物，它们的生命活动会改变金属-海水界面的状态和介质性质，对腐蚀产生不可忽视的影响。

由于各种微生物的生命活动而造成海洋环境中使用的各种材料的腐蚀过程统称为微生物腐蚀（micro-biologically influenced corrosion，MIC）。

2. 海水微生物腐蚀的特点和现状

附着于材料表面的微生物膜是诱发材料表面生物性腐蚀的重要因素，微生物的附着是高度自发过程，它几乎可以导致所有材料的腐蚀，其中最主要的是由硫酸盐还原菌（SRB）引起的腐蚀。硫酸盐还原菌是微生物腐蚀中最重要的细菌，在自然界分布很广，属于典型的专性厌氧菌，在无氧状态下，将硫酸根离子还原为硫离子而繁殖。

每年仅因硫酸盐还原菌产生的硫化氢的腐蚀作用就可以使石油工业的生产、运输和储存设备遭受高达数亿美元的损失，因此，微生物腐蚀的危害是巨大的。然而，这种损失长期以来一直没有引起人们足够的重视。随着我国经济的迅速发展，海洋采油平台、海水淡化设施、海港设施、船设备、海水冷却工程等海洋工程设施面临的微生物腐蚀问题日益严重，海洋工程设施的防微生物腐蚀成为当前亟待解决的问题。

3. 海水微生物腐蚀的控制

通过对微生物腐蚀领域长期系统的研究发现，海水中的微生物可以使各种类型的材料在海水中浸泡几个小时就形成一层包含细菌、藻类等水生生物及其代谢产物的微生物黏膜，成为其它海洋生物和细菌生长和繁殖的"土壤"。随后的微生物腐蚀都是通过这层微生物膜发生的。

因此，控制微生物腐蚀的有效方法之一就是控制微生物膜的生长。迄今为止，控制微生物腐蚀唯一有效的措施是使用化学杀菌剂。但由于效果不理想且不符合环保要求，化学杀菌剂的使用将越来越受到限制，发展高效、环保的新型微生物腐蚀控制措施势在必行。

4. 海水氧浓度差电池腐蚀的形成

海生物的附着会引起附着层内外的氧浓度差电池腐蚀。某些海生物的生长会破坏金属表面的涂料等保护层。防腐涂料在波浪和水流的作用下，可能引起涂层的剥落。在附着生物死后黏附的金属表面上，锈层以下以及海泥里，都是缺氧环境，会促进厌氧的硫酸盐还原菌的繁殖，引起严重的微生物腐蚀，使钢铁的腐蚀加速。

五、海水腐蚀的影响因素

影响海水腐蚀的因素一般有海水含盐量、温度、溶氧量、pH 值、流速与波浪、海生物等。

1. 含盐量

海水的盐度波动直接影响到海水的电导率，电导率又是影响金属腐蚀速率的一个重要因素，同时，因海水中含有大量的氯离子，破坏金属的钝化，所以很多金属在海水中遭到严重腐蚀。盐类以 Cl^- 为主，一方面，盐浓度的增大使得海水导电性增强，促进了阳极反应，使海水腐蚀性增强；另一方面，盐浓度增大使溶解氧浓度下降，下降至一定值时金属腐蚀速率下降。

2. 温度

海水表层温度可由 0℃增加到 35℃，随海水深度增加，水温下降，表层海水温度还随季节而发生周期性变化，海底温度变化很小。温度对海水腐蚀的影响是复杂的。从动力学方面考虑，一方面，温度升高，会加速金属的腐蚀；另一方面，海水温度升高，海水中氧的溶解度降低，同时促进保护性碳酸盐的生成，这又会减缓钢在海水中的腐蚀。但在正常海水含氧量下，温度是影响腐蚀的主要因素。这是因为含氧量足够高时，控制阴极反应速率的是氧的扩散速率，而不是含氧量。对于在海水中钝化的金属，温度升高，钝化膜稳定性下降，点蚀、应力腐蚀和缝隙腐蚀的敏感性增加。

3. 溶氧量

海水腐蚀是以阴极氧去极化控制为主的腐蚀过程。海水中的含氧量是影响海水腐蚀性的重要因素。在恒温海水中，随溶解氧浓度的增加，氧扩散到金属表面的含量及阴极区极化速率也增加，从而导致腐蚀速率增加。对于能形成钝化膜的金属，含氧量适当增加有利于钝化膜的形成和修补，使钝化膜的稳定性提高，有助于防止腐蚀的进一步进行。海水的溶氧量随季节温度的变化而变化。

4. pH 值

海水 pH 在 7.2～8.6 之间，为弱碱性，对腐蚀影响不大。海水中除了氧和氮之外，还溶有二氧化碳，海洋生物的新陈代谢作用以及动植物死亡分解的碳酸盐，都与 pH 有关。pH 升高有利于抑制海水腐蚀，并易产生钙镁沉淀物附着在材料表面，对材料的阴极保护有利，但也可能加剧局部腐蚀。

5. 流速

流速增加，金属腐蚀速率增加。海水对金属表面有冲蚀作用，当流速超过某一临界流速时，金属表面的腐蚀产物膜被冲刷掉，金属表面同时受到磨损，这种腐蚀与磨损联合作用，使钢的腐蚀速率急剧增加。对于在海水中能钝化的金属，如不锈钢、铝合金、钛合金等，海水流速增加会促进其钝化，可提高耐蚀性。

第五节　海岸环境工程的腐蚀及防护

一、海岸环境对腐蚀工程的影响

根据海洋工程设施与海水接触的程度，通常把海水区域分为五个区带，即海洋大气带、浪花飞溅带、潮差带、海水全浸带及海底泥土区。

1. 海洋大气带

在这一区带，由风带来细小的海盐颗粒，特别是氯化钙、氯化镁等海盐粒子容易在金属表面形成液膜，太阳辐射能促进光能反应及真菌类的生物活动，雨量、雾量及其季节分布也会直接影响金属的腐蚀速率和腐蚀机理。

因此，这一区带离海面的高度、离海岸的距离、风速、风向、降露周期、雨量、温度、太阳照射、尘埃、季节和污染都会对材料产生腐蚀。

2. 浪花飞溅带

在海洋环境中，海水涨潮时不会被淹没，但是海水的飞沫能喷射到的区带称为浪花飞溅带。

这一区带没有附着生物，但是海盐粒子量、海水干湿交替程度都比海洋大气带大，在风浪作用下海水的冲击作用会加剧结构材料的破坏。

在干湿交替环境中，钢的阴极电流比在海水中的阴极电流大，在海水中钢的阴极反应是溶解氧的还原反应；而在浪花飞溅区中，钢由于锈层自身氧化剂的作用，使阴极电流变大。

客观上，锈层原有的亚铁离子会进一步被氧化成三价铁离子。

上述过程的反复进行就加速了钢铁的腐蚀，从而使该区带成为海洋环境中腐蚀最严重的区域。但是，对于不锈钢和钛而言，由于这些材料在氧气充足的条件下会促进表面氧化膜的钝化，所以，从而避免发生腐蚀。

3. 潮差带

这一区带是高潮线和低潮线之间的区域。该区的特点是干湿周期性变化，有海生物附着。

海生物附着对于一般钢铁构件来说，可以得到某种程度的局部保护。但是，这种现象对于容易钝化的金属如不锈钢来说，反而由于海生物的寄生、缺氧易造成闭塞电池型的局部腐蚀。

4. 海水全浸带

海面以下 20 米以内是表层海水，是全浸条件下腐蚀最严重的区域。

海水全浸带的特点包括溶解氧近于饱和，水温高，而且生物活性强。海水全浸带 20～30 米以上海水中溶解氧随深度下降而下降，温度也降低，腐蚀减轻。

5. 海底泥土区

海底泥土区也称为海泥带。海泥的情况与陆上泥土的情况相似，比较复杂。一般钢在该区带的腐蚀比在海水中的缓慢，不锈钢在此区域有局部腐蚀的可能。

二、海岸环境的防腐蚀工程设计原则

1. 海岸环境工程的选材原则

在海洋环境的 5 个腐蚀区带中，对海洋工程结构的腐蚀速率有明显差别，而浪花飞溅带腐蚀最为严重，这一区带的局部腐蚀破坏，会使整个工程结构的承载力大大降低，缩短使用寿命，影响安全生产。而我国浪花飞溅带的工程结构，恰恰很少采取特殊、有效的防腐措施，成了海洋腐蚀防护的"短板"。

海水工程埋件选用材料时，首先就是选用适用的冶金产品品种牌号，这种牌号的产品应该具有符合设计要求的耐腐蚀性能、综合力学性能和适宜的热处理状态，确定采用的品种牌号后，更要严格要求铸件的冶金质量，包括化学成分的准确性、均匀性；其次要考虑生产海水工程埋件的冶金工艺，因为先进的冶炼工艺是生产高质量产品的保证，冲天炉就很难保证成分的准确性和均匀性，只有中低频感应电炉等熔炼炉才能冶炼出优质的铁水，才能保证产品达到设计的要求；最后还要看产品的铸造工艺，先进的铸造工艺才能铸造出不仅外观质量高，而且内在质量好的优质的铸件。这几方面都是选材时应该特别注意的。

2. 海岸环境工程的设计寿命

海岸环境工程的设计寿命是选材的重要原则。工程材料的使用寿命必须满足设计寿命的要求，设计寿命包括工程总寿命和维护周期寿命，对于海岸环境工程用金属材料而言，埋件非暴露面受到海水腐蚀的可能性与腐蚀速率是很低的，所用基体金属材料的使用寿命必须满足设计总寿命的要求，暴露面受到的腐蚀要严重得多，包括其它工件，一般都要进行防腐处理，其防腐效果必须至少满足一个维修周期寿命的要求。

当然，也不应该有过高的剩余寿命，即材料使用寿命应与海水工程的设计要求相适应，所选用金属材料的性能过剩也是一种资源的浪费。

三、海洋环境工程的防腐措施

1. 海洋环境五个区带的比较

图 2-3 是海洋环境钢铁结构设施在不同环境下的腐蚀规律和防腐措施示意图。可以看出，浪花飞溅带部位是腐蚀最严重的。这是因为在这个区域，钢表面由于受到海水的周期性润湿，经常处于干湿交替状态，氧供应充分，阳光、风吹和海水环境协同作用导致该部位发生最严重的腐蚀。

一般情况下，钢在海洋大气中的平均腐蚀速率约为 0.03～0.08mm/a；而浪花飞溅带为 0.3～0.5mm/a。同一种钢，在浪花飞溅区的腐蚀速率可比海水全浸区中高出 3～10 倍。有关实验和调查结果表明，长期在外海暴露的长试件，浪花飞溅带的腐蚀速率最高可达 1mm/a 以上，而在低潮位以下 0.3m 全浸区的腐蚀速率仅为 0.1～0.3mm/a。

2. 钢结构在海洋环境下的防腐特点

由此可见，钢结构在浪花飞溅带的腐蚀最为严重。一旦在这个区域发生严重的局部腐蚀破坏，会大大降低整座钢结构设施的承载力，缩短使用寿命，影响安全生产，提前报废。

因此，发展长期有效的浪花飞溅带防腐蚀技术对保护海洋钢结构设施的安全运行具有极其重要的经济价值和社会意义。

3. 海洋工程的防腐建议

如图 2-3 所示，当前国内对于海洋钢铁设施的防腐措施一般采用如下措施。

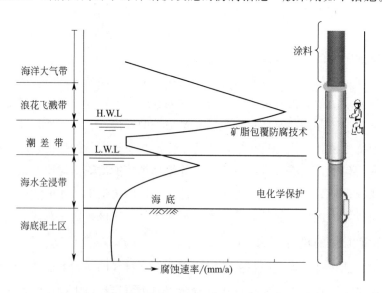

图 2-3　海洋环境钢铁结构设施腐蚀规律与防腐措施

（1）大气区通常采用涂料保护。

（2）海水全浸带主要采用电化学保护，并且取得了较好的保护效果。

（3）在浪花飞溅带，涂料和电化学保护都不能发挥有效的保护作用。通常使用的油漆，在海水有力地冲击下剥落得很快，局部腐蚀十分严重。普通的阴极保护由于不能形成电流回路在这个部位也不能发挥丝毫作用。所以，该区域的防腐需综合考虑根据实际情况决定。

作业练习

1. 腐蚀按照机理分类，可以怎样分类？

2. 化学腐蚀与电化学腐蚀的本质区别是怎样的？

3. 工业中的典型化学腐蚀有哪些？

4. 什么是高温氧化？怎样提高合金的抗高温氧化性能？

5. 氧及 CO 的过剩量对钢高温腐蚀的影响是怎样的？

6. 铸铁为什么会发生"长大"现象？

7. 过热器汽水腐蚀的机制是怎样的？汽水腐蚀如何防止？

8. 过热器的烟气熔盐腐蚀过程有哪些变化？

9. 烟气腐蚀过程中氯元素起了什么作用？

10. 硫化物对于管壁温度大于 $550{℃}$ 的钢会产生什么样的腐蚀？

11. 硫化物对于管壁温度小于 $550{℃}$ 的钢会产生什么样的腐蚀？

12. 炼油工业钢的氢腐蚀特征和控制是怎样的？

13. 炼油厂的高温硫化的机理和特点是什么？

14. 电化学腐蚀电池的组成是怎样的？

15. 电化学腐蚀的本质是什么？

16. 典型的局部腐蚀有些什么？

17. 金属在海水中的腐蚀特点是怎样的？有些什么防腐方法？

18. 海水区域可以分为哪五个区带？各有什么特点？

19. 海洋环境工程的防腐措施是怎样的？

第三章

金属腐蚀程度的表征及研究试验方法

第一节 金属腐蚀速率的表示法

金属受到腐蚀后，金属的外形、厚度、质量、机械性能、金相组织都会发生变化。

这些性能的变化率都可用来表示金属腐蚀的程度。对于均匀腐蚀速率，常用单位时间内单位表面耗损金属的质量和耗损金属的厚度来表示腐蚀的速率。

一、以质量变化表示腐蚀速率

这种表示方法是把腐蚀耗损的金属计算成单位时间内单位金属表面质量的变化值。失重的差值是腐蚀前的质量与清除腐蚀产物后的质量之间的差值；增重的差值则指腐蚀后带有腐蚀产物时的质量与腐蚀前的质量之间的差值。一般均用失重表示腐蚀速率，但如产物不易消除或牢固附着在试件表面时，亦有用增重表示的。

$$v^- = \frac{m_0 - m_1}{At} \tag{3-1}$$

式中 v^-——腐蚀速率（以失重法表示），g/(m² · h)；

  m_0——金属试件初始质量，g；

  m_1——消除腐蚀产物后的金属试件质量，g；

  A——金属试件表面积，m²；

  t——腐蚀进行的时间，h。

或　$v^{+} = \dfrac{m_2 - m_0}{At}$

v^{+}——腐蚀速率（以增重法表示），g/(m²·h)；

m_2——带有腐蚀产物的金属试件经腐蚀后的质量，g。

二、以材料厚度变化表示腐蚀速率

将金属耗损的质量，换算成厚度。

$$v_t = \frac{v^{-} \times 365 \times 24}{(100)^2 \times \rho} \times 10 = \frac{v^{-} \times 8.76}{\rho} \tag{3-2}$$

式中　v_t——腐蚀速率（以厚度表示），mm/a；

ρ——金属的密度，g/cm³。

对于均匀腐蚀用厚度表示其速率时，可粗略分为三级以评定金属材料在某介质中的耐蚀性，见表 3-1。也有用十级标准来评定金属材料在某介质中的耐蚀性，见表 3-2。注意，它不能用于评定局部腐蚀。

表 3-1　均匀腐蚀的三级标准

耐蚀性评定	耐蚀性等级	腐蚀厚度（mm/a）
耐蚀	1	<0.1
一般(可采用)	2	0.1～1.0
不耐蚀(不可采用)	3	>1.0

表 3-2　均匀腐蚀的十级标准

耐蚀性评定	耐蚀性等级	腐蚀厚度（mm/a）
Ⅰ 完全耐蚀	1	<0.001
Ⅱ 很耐蚀	2	0.001～0.005
	3	0.005～0.01
Ⅲ 耐蚀	4	0.01～0.05
	5	0.05～0.1
Ⅳ 尚耐蚀	6	0.1～0.5
	7	0.5～1.0
Ⅴ 欠耐蚀	8	1.0～5.0
	9	5.0～10.0
Ⅵ 不耐蚀	10	>10.0

第二节 金属腐蚀的防止方法

一、防腐技术分类

腐蚀破坏的形式是很多的，在不同的条件下引起金属腐蚀的原因是各不相同的，而且影响因素也非常复杂，因此，根据不同的条件采用的防腐技术也是多种多样的。在实践中常用的是以下几类防腐技术。

1. 合理选材

根据不同介质和使用条件，选用合适的金属材料和非金属材料。

2. 介质处理

介质处理包括除去介质中促进腐蚀的有害部分（例如锅炉给水的除氧）、调节介质的pH 值及改变介质的湿度等。

3. 阴极保护

利用电化学原理，将被保护的金属设备进行外加阴极极化从而降低或防止腐蚀。将被保护金属进行外加阴极极化以减少或防止金属腐蚀的方法叫阴极保护法。外加的阴极极化可采用两种方法来实现。

① 将被保护的金属与直流电源的负极相连，利用外加阴极电流进行阴极极化，这种方法称为外加电流阴极保护法。

外加电流阴极保护法的优点是可以调节电流和电压，适用范围广，可用于要求大电流的情况，在使用不溶性阳极时装置耐久。其缺点是需要经常的操作费用，必须经常维修检修，要有直流电源设备，当附近有其它结构时可能产生干扰腐蚀（地下结构阴极保护时）。

② 在被保护设备上连接一个电位更负的金属作为阳极（例如钢设备连接锌），它与被保护金属在电解质溶液中形成大电池，从而使设备进行阴极极化，这种方法称为牺牲阳极保护法。

牺牲阳极保护的优点是不用外加电流，故适用于电源困难的场合，施工简单，管理方便，对于附近设备没有干扰，适用于需要局部保护的场合。其缺点是能产生的有效电位差及输出电流量都是有限的，只适用于需要小电流的场合，调节电流困难，阳极消耗大，需定期更换。

4. 阳极保护

对于钝化溶液和易钝化的金属组成的腐蚀体系，可采用外加阳极电流的方法，使被保护金属设备进行阳极钝化以降低金属的腐蚀。

5. 添加缓蚀剂

向介质中添加少量能阻止或减慢金属腐蚀的物质以保护金属。

6. 金属表面覆盖层

在金属表面喷、衬、镀、涂上一层耐蚀性较好的金属或非金属物质以及将金属进行磷化、氧化处理，使被保护金属表面与介质机械隔离从而降低金属腐蚀。

7. 合理的防腐设计及改进生产工艺流程，以减轻或防止金属腐蚀

每种防腐蚀措施，都具有应用范围和条件，使用时要加以注意。对某一种金属有效的措施，在另一种情况下就可能无效，甚至是有害的。

例如阳极保护只适用于金属在介质中易于阳极钝化的体系。如果不造成钝化，则阳极极化不仅不能减缓腐蚀，还会加速金属的阳极溶解。

二、缓蚀剂分类及作用机理

1. 缓蚀剂分类

缓蚀剂种类很多，可将缓蚀剂按其对腐蚀过程的阻滞作用分类，也可按腐蚀介质的状态、性质分类。

按介质的状态、性质可分为液相缓蚀剂（其中包括酸性液相缓蚀剂、中性液相缓蚀剂及碱性液相缓蚀剂）和气相缓蚀剂（如亚硝酸二环乙烷基铵）。

按缓蚀剂的化学成分可分为无机缓蚀剂（如氧化剂 NO_3^-、NO_2^-、CrO_4^{2-}、$Cr_2O_7^{2-}$、SiO_3^{2-}、磷酸盐、多磷酸盐、硅酸盐、钼酸盐、亚硫酸盐等）和有机缓蚀剂（其中包括胺类、醛类、杂环化合物、硫化物等含 N、S、O 的所有有机物）。

按阻滞作用原理可分阳极性受阻滞的缓蚀剂和阴极性受阻滞的缓蚀剂和混合型的缓蚀剂。

2. 吸附理论

缓蚀剂吸附在金属表面形成连续的吸附层，将腐蚀介质与金属隔离从而起到保护作用。目前普遍认为，有机缓蚀剂的缓蚀作用是吸附作用的结果。这是因为有机缓蚀剂的分子是由两部分组成：一部分是容易被金属吸附的亲水极性基，另一部分是憎水或亲油的有机原子团（如烷基）。

3. 成相膜理论

成相膜理论认为金属表面生成一层不溶性的络合物，这层不溶性络合物是金属缓蚀剂和腐蚀介质的离子相互作用的产物，如缓蚀剂氨基醇在盐酸中与铁作用生成［$HORNH_2$］［$FeCl_4$］或［$HORNH_2$］［$FeCl_2$］络合物，覆盖在金属的表面上起保护作用。喹啉在浓盐酸中与 Fe 作用，在 Fe 表面生成一种难溶的 Fe 络合物，使金属与酸不再接触，减缓了金属的腐蚀。

4. 电化学理论

从电化学角度出发，金属的腐蚀是在电解质溶液中发生的阳极过程和阴极过程。缓蚀剂的加入可以用极化图表示，加大阳极极化或阴极极化，或者两者同时加大，使腐蚀电流 I_1 减少至 I_2。

当然阳极极化的同时也可能导致阴极去极化加强，使腐蚀电流增加到 I'_2，从而加剧腐蚀。按上述电化学原理，缓蚀剂可分为阳极缓蚀剂、阴极缓蚀剂及混合型缓蚀剂。

第三节　工程常用的防腐技术

一、合理选材

合理选材是控制腐蚀最有效的方法之一。选材时既要考虑材料的机械性能和制造工艺性，又要考虑材料在特定介质中的耐蚀性，同时尽可能地降低成本。对于腐蚀环境苛刻、材料用量不大时，选用高耐蚀材料，如耐海水腐蚀的不锈钢、铜合金、镍基合金和钛合金等。

大型工业工程设施常是由多种材料构成的，应尽量选用电位序中比较靠近的材料，以免发生电偶腐蚀。在选择焊接材料时，应使焊缝金属呈阴极性，而且焊缝金属与母材的电位差尽可能小。

二、合理设计工程结构

首先，结构件形状力求简单，减少死角和缝隙，便于防腐蚀施工。其次，构件设计应尽量减少切口、尖角和焊接缺陷等，以防止应力腐蚀。当必须使用电位序中电位差较大的两种或两种以上的金属材料时，要用有机材料制成的绝缘垫片把两种金属隔开。

结构设计中尽量避免缝隙，因为防止缝隙腐蚀是很难的。尽量用焊接代替铆接和螺栓连接。容易发生腐蚀的部位应避免使用间断焊接。设计中无法避免的狭缝应该用填料密封。

在海水管线设计中，应避免管道断面的急剧变化和海水流动方向的突然改变，管线弯曲半径应足够大，设计流速应小于临界流速，防止湍流、空泡对管道造成的腐蚀。

三、表面保护

工程结构中大量使用低碳钢和低合金钢，在海洋环境中是不耐腐蚀的，表面覆盖层是广泛采用的防蚀方法，以有机涂层用得最多。表面保护主要有以下几种方法。

1. 有机涂层保护

有机涂层在海洋工程结构中应用最广。供海洋工程结构使用的专用涂料品种很多，可满足防腐要求。要特别注意涂装的施工质量，严格除锈、除油、除水等，注意添加氧化亚铜或有机锡化合物等防腐剂。

2. 金属喷涂层

用热喷涂的方法把锌、铝和铝-锌合金喷涂在金属表面，构成了阳极性涂层，从而对底材实施保护。由于热喷涂层有微孔，所以必须用有机涂料（如聚氨酯、铝粉漆）做封孔处理。

3. 金属包覆层

在海洋飞溅层，采用阴极保护有困难，有机涂层抗冲刷能力又较差，对重要的海洋钢结构可采用金属包覆层。常用的包覆材料有不锈钢、钛、铜镍合金等。

4. 衬里

衬里材料分为金属材料和非金属材料，如玻璃钢、橡胶、搪瓷和金属衬里。

四、阳极保护

如果人为地调节处于腐蚀区的金属电位，使其进入钝化区，这就是阳极保护法。

这种方法一般通过升高金属的电位，使金属氧化而在其表面上生成一层氧化物膜而达到保护的目的。把铁的电位升高，则铁表面上会生成 Fe_3O_4 或 Fe_2O_3 膜从而使铁免于腐蚀。

通常使铁的电位升高有两种方法：一种是外加电源，将被保护的金属与电源正极相连，使被保护金属成为阳极，其电位正移而进入钝化区；另一种是在溶液中添加氧化性物质，如铬酸盐、过氧化氢等。这类可使金属电位升高到钝化区从而防止金属腐蚀的氧化性物质常称为氧化性缓蚀剂。

如果在相应于铁的腐蚀区的电位和 pH 条件下，氧化性缓蚀剂可被还原并生成固体产物，则它对铁的保护作用就更有效，因为这时固态还原产物可沉积在铁表面的钝化性氧化膜的"薄弱点"上，改善膜的保护性能。

五、阴极保护

阴极保护是海水全浸条件下保护钢结构免受腐蚀的有效方法，也可用于保护不锈钢、铜合金及铝合金等金属构件。这种方法具有投资少、收效大、保护周期长等优点，在海洋设施中广泛使用。通常与涂料保护联合使用，以减少阴极保护电流密度和提高保护效果。

阴极保护不仅可防止均匀腐蚀，对防止孔蚀、缝隙腐蚀、应力腐蚀等也有效。

实施阴极保护有两种方法：外加阴极电流保护法和牺牲阳极保护法。对重要结构，两种方法可同时使用。

1. 两种方法的概况

外加电流保护是用阳极作为辅助阳极。辅助阳极可采用钢、铸铁等可溶解阳极，也可采用高硅铸铁、铅合金、石墨等微溶解阳极或铂、镀铂等不溶解阳极。

外加电流阴极保护是用低电压大电流的稳定直流电源来供电的，目前广泛采用的是整流器和恒电位仪。电源电压不大于 24V，电源额定电流等于被保护面积（接触海水的面积）与保护电流密度的乘积，电源输出电流应能在较大范围内调节。整流器是通过调整输出电压来控制输出电流，但不能自动控制电位。恒电位仪通过参比电极测得的电极电位同设定电位值比较来控制输出电流，从而保护阴极电位稳定在设定电位。

牺牲阳极保护就是将比被保护金属电位更负的负电性金属（如 Zn、Al、Mg）与被保护金属耦接，提供阴极极化电流，使被保护金属产生阴极极化获得保护。

2. 两种方法的比较

外加电流阴极保护法的优点是可以调节电流和电压，适用范围广，可用于要求大电流的情况，在使用不溶性阳极时装置耐久。其缺点是需要经常的操作费用，必须经常维修检修，要有直流电源设备，当附近有其它结构时可能产生干扰腐蚀（地下结构阴极保护时）。

牺牲阳极保护的优点是不用外加电流，故适用于电源困难的场合，施工简单，管理方便，对于附近设备没有干扰，适用于需要局部保护的场合。其缺点是能产生的有效电位差及输出电流量都是有限的，只适用于需要小电流的场合，调节电流困难，阳极消耗大，需定期更换。

3. 阴极保护方法的实施

外加电流阴极保护法的实施，首先需要考虑被保护金属材料的保护电位，保护电位是指阴极保护时使金属停止腐蚀所需的电位值，它是阴极保护的重要参数。表 3-3 给出了一些常见金属材料在海水中的保护电位。

表 3-3 常见金属材料在海水中的保护电位   单位：V

金属或合金		参比电极			
		$Cu/CuSO_4$	Ag/AgCl/海水	Ag/AgCl/饱和 KCl	Zn/洁净海水
铁与钢	通气环境	−0.85	−0.80	−0.75	+0.25
	不通大气	−0.95	−0.90	−0.50	+0.15
铅		−0.60	−0.55	−0.50	+0.50
铜合金		−0.65～−0.50	−0.60～−0.45	−0.55～−0.40	+0.45～+0.60
铅		−1.20～−0.95	−1.55～−0.90	−1.10～−0.85	−0.15～+0.15

保护电位的数值与金属种类和介质条件有关，可根据实验来确定。表 3-3 列出一些金属在海水中的保护电位。保护电位值为一个范围。例如钢在海水中的最佳保护电位范围为−0.90～−0.80V（Ag/AgCl/海水）。当电位比−0.80V 更正时，钢得不到完全保护，所以该值又称为最小保护电位。当电位比−1.0V 更负时会造成过保护，导致阴极析氢和增加电流消耗。

使金属阴极极化至最小保护电位从而获得完全保护所需的电流密度称为最小保护电流密度。最小保护电流密度值是与最小保护电位相对应的，要使金属达到最小保护电位，其电流密度值不能小于该值，否则，金属就达不到令人满意的保护。如果所采用的电流密度远超过该值，则有可能发生"过保护"，出现电能消耗过大、保护作用降低等现象。最小保护电流密度与被保护的金属种类、腐蚀介质的性质、环境条件等有关，必须根据经验和实际情况才能判断得当。表 3-4 列出了国内钢壳船材料保护电流密度的推荐值。

表 3-4　国内钢壳船材料的保护电流密度的推荐值

材料	表面状态	保护电流密度/(mA/m²)
船用钢板	涂漆 6 道	3.5～5
船用钢板	水舱等涂 4 道	5
船用钢板	涂刷质量不好部位	10～25
钢板、铸钢	裸露	150
黄铜、青铜	裸露	150
不锈钢	裸露	150

从表 3-4 中可以看出，表面有良好覆盖层时，所需保护电流密度大大减少。在选用时，必须根据实际情况而定。

第四节　金属腐蚀的试验方法

一、重量法

重量法是在相同条件下分别测定试样在不同介质中腐蚀前后的重量变化，求出腐蚀速率。重量法用于腐蚀的试验评价非常经典、可靠，是目前腐蚀研究中最权威的测试方法。

根据试验条件的差异，重量法可以分为两种情况，一种是失重法，另一种是增重法。失重法是最常见的一类衡量腐蚀的重量法，可以在绝大多数试验场合中使用，例如溶液缓蚀剂性能的评价。

增重法主要适用于高温氧化、高温腐蚀类试验；在这类试验过程中，试样表面会生成明显的、黏结的氧化物，在试验结束后的取样分析中，不容易除掉氧化物。所以，在类似的情况下，增重数据也是衡量腐蚀的重要参数。

二、容量法

当金属在非氧化剂性酸中腐蚀时，可通过测定单位时间内加缓蚀剂与不加缓蚀剂时所放出的氢气体积来计算缓蚀效率。此法可方便地求出时间-缓蚀效率关系曲线。

虽然容量法所用的仪器及操作均较简单，但是当缓蚀剂与氢气发生反应，或者当氢在金属内的固溶度较大而不能忽视时，所得的结果常会有较大的误差。

三、电化学法

1. 极化曲线法

根据加缓蚀剂与不加缓蚀剂时的极化曲线可以测得各自的腐蚀速率 i_c，从而计算缓蚀效率。同时也可根据加缓蚀剂与不加缓蚀剂时的极化曲线来研究缓蚀剂的作用机理，即判断缓蚀剂抑制的是阳极过程还是阴极过程，或者同时抑制了两个过程。

对于钝化型缓蚀剂，可用恒电位阳极曲线来研究其腐蚀作用。如图 3-1 所示，浓氨水加入钼酸铵后，腐蚀电位向正移，致钝电位向负移，致钝电流密度大大减少。

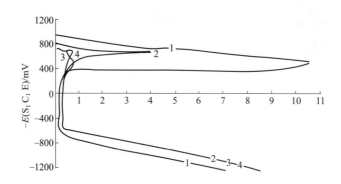

图 3-1　钼酸铵对碳钢在碳酸铵溶液中阳极行为的影响

1—浓氨水；2—浓氨水中加 0.5g 钼酸铵；3—浓氨水中
加 1.0g 钼酸铵；4—浓氨水中加 1.5g 钼酸铵

极化曲线可采用恒电流方法或恒电位方法测定，也可采用动电位扫描方法测定。极化曲线的测量比失重法要快得多，但在实际应用极化曲线求腐蚀速率时，却有很多局限性。例如，它只适用于在较宽的电流范围内电极过程服从塔菲尔关系的体系，而不适用于溶液电阻较大的情况以及当发生强烈极化时电极表面发生很大变化（如膜的生成与溶解）的场合。

此外，用外推法作图，还会引进一定的人为误差。但是，对多种缓蚀剂的筛选，以及不同剂量和不同条件下缓蚀效果的比较，极化曲线法仍不失为一种快速的定性比较方法。

2. 线性极化法

在受活化极化控制系统中，腐蚀电流和极化曲线在腐蚀电位附近呈线性关系。因此，可以借助实验测定的极化阻力值来比较各种缓蚀剂对瞬时速率的影响。虽然线性极化法在求绝对腐蚀速率方面还有一定的误差，但用于现场实测相对腐蚀速率，却具有很大的实用价值。目前，国内已有基于线性极化原理的腐蚀速率测试仪出售，可直接读出瞬时腐蚀速率或极化阻力，并可连续记录缓蚀剂的保护情况。

此外，其它电化学测试方法如恒电量法，交流阻抗法亦可用于求出极化阻力 R_p，从而也可用于缓蚀剂的筛选和评定工作。

3. 金属孔蚀倾向的电化学指标

环状阳极极化曲线上的特征电位 E_b 和 E_{rp} 可以用来表示金属的孔蚀倾向。E_b 称为击穿电位或孔蚀电位。E_{rp} 称为孔蚀保护电位或再钝化电位。

E_b、E_{rp} 愈正，E_b 与 E_{rp} 相差愈小（滞后环面积愈小），则金属材料发生孔蚀的倾向愈小，耐孔蚀性能愈好。

四、介质中金属溶解量法

当金属腐蚀的产物能溶解于介质中，且不会与缓蚀剂或介质组分一起形成沉淀膜时，可以采用分光光度计、离子选择电极、放射性原子示踪技术等来测定介质中溶解的金属量，从而计算腐蚀速率和缓蚀效率。此外，放射性示踪技术还可以用于测定缓蚀剂的吸附量、保护膜的厚度及其耐久性等。

五、电阻探针法

电阻探针法是利用安装在探头上的金属试样（薄带、丝带）在腐蚀过程中因截面面积减少导致电阻增加的原理来测定腐蚀速率的，该法测定时不必取出试样，灵敏度高，对导电介质和不导电介质均适用，且能连续测定，因而在现场评定缓蚀剂效果时常采用。但该法对试样的要求较高，需要特殊制作，当有局部腐蚀时误差较大，故常用于定性比较。

在测定金属腐蚀速率以评价缓蚀剂性能时，有时还必须仔细考虑和测定孔蚀的情况，特别是在确定最适宜剂量或决定最低剂量时，更应考虑孔蚀这一因素。

作业练习

1. 何谓金属腐蚀？举例说明研究金属腐蚀与防护的重要意义。
2. 什么是化学腐蚀和电化学腐蚀？它们有何区别？
3. 金属腐蚀时，按腐蚀形态可分为哪些类型？
4. 何谓电偶腐蚀、点蚀、选择性腐蚀？并举热力设备腐蚀的实例说明。
5. 推导出腐蚀速率单位 mm/a 与 mg/(dm^2·d) 间的一般关系式。
6. 什么叫微电池腐蚀？它是怎样形成的？
7. 什么是宏电池腐蚀？它是如何形成的？
8. 电位-pH 平衡图构成的基本原理是什么？
9. 电位-pH 平衡图中点、线、面的意义是什么？

第四章

电力系统的腐蚀及防护

第一节　电力系统设备概况及其金属材料

能源是人类不可缺少的重要资源，能源工业对人类的物质文明与社会发展起着巨大的作用。能源有一次能源与二次能源之分。一次能源（煤、天然气、石油等）来自大自然界，是大自然界本身就有的。二次能源是经过人们加工的能源，它比一次能源的商品价值高，更利于使用。电力是最主要的二次能源。石油炼制品如汽油、柴油、石油液化气、发生炉煤气与焦炭等都是二次能源。

我国的能源资源丰富，在燃料能源中以煤为主，已探明的储量超过 7800 亿吨。我国煤炭热值高，灰分与硫分等杂质含量低，绝大多数为优质原煤。我国的煤炭储量较大，在很长一段时间内火力发电将是主要电力来源。

一、电力系统设备

电力系统设备主要包括发电设备和供电设备两大类，发电设备主要是电站锅炉、蒸汽轮机、燃气轮机、水轮机、发电机、变压器等，供电设备主要是各种电压等级的输电线路、互感器、接触器等。电力系统中的电力设备很多，根据他们在运行中所起的作用不同，通常将他们分为电气一次设备和电气二次设备。

1. 发电设备

我国的发电设备中，火力发电设备占 71.8%，其发电量占 80%。这是因为火力发电厂的建设费用低、建设周期短，可以根据资源情况灵活地布置于负荷中心或能源基地。

除了单一生产电力的火电厂之外，还有供应热力和电力的热电厂，热电厂把做过部分功的蒸汽作为工业用汽热源供应用户，也可以通过热力管网供应70～110℃的热水采暖与生活用，实现城市集中供热，无论从减少环境污染，还是从节约能源方面考虑，都是必要的。

目前常见的机组装机容量为1000MW，典型的配置包括：锅炉采用超临界直流燃煤锅炉，汽轮机采用一次中间再热、双缸双排汽凝汽式汽轮机，发电机采用水-氢-氢冷发电机。火力发电厂的主要设备主要包括锅炉、汽轮机和发电机，还包括再热器、过热器、凝汽器、高低压加热器和除氧器等主要辅助设备，如图4-1所示。根据锅炉压力级别的不同，可以将火电机组分为中压、高压、超高压、亚临界、超临界和超超临界压力机组，主要压力级别机组的相关蒸汽参数及容量如表4-1所示。

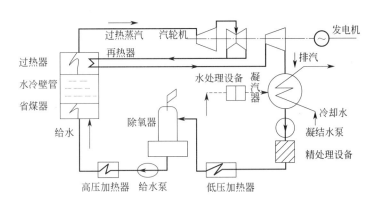

图 4-1　火电厂主要设备及系统流程示意

表 4-1　常见锅炉机组参数、容量及用途

锅炉压力级别		中压	高压	超高压	亚临界	超临界	超超临界
锅炉类型		自然循环锅炉	自然循环、少数直流锅炉	循环锅炉、直流锅炉	循环锅炉、直流锅炉	直流锅炉	直流锅炉
饱和蒸汽	压力/MPa	3.9	9.8～10.8	15.7	17.6	≥22.0	≥25.0
	温度/℃	250	310～316	343	355	374.2	374.2
过热蒸汽	压力/MPa	3.5	9.0	13.7	16.5	≥22.0	≥25.0
	温度/℃	450	510～540	510～540	530～550	560～590	570～610
蒸发量/(t/h)		65～130	220～430	410～670	850～2050	1050～3000	1900～4000
发电机组/MW		12～25	50～100	125～200	250～600	300～1000	600～1200

2. 发电机组的水汽及其流程

在火力发电厂中，锅炉、汽机及附属设备组成了热力系统，热力系统中的各种热交换部件或水汽流经的设备，如锅炉的省煤器、水冷壁管、过热器、汽轮机、各种加热器、除氧器和凝汽器等，统称为热力设备。水和蒸汽是热力设备中的工质，在热力系统中循环运行。

水汽在热力系统循环过程中，难免会有些损失，这些工质的损失是由于热力系统某些设备的排汽放水、管道阀门的漏汽漏水、水箱等设备的溢流或热水蒸发等原因造成的。为了维持热力系统的正常水汽循环，要及时补充工质的损失。用来补充热力系统水汽损失的水叫做补给水。送进锅炉的水称为给水，给水一般由凝结水、补给水、疏水组成。

整个水、汽系统流程示意图见图4-2。首先使用经过水处理设备专门净化过的水在锅炉中受热，产生蒸汽，将具有巨大潜能的蒸汽送入汽轮机，使汽轮机以3000r/min的转速带动发电机产生电力。做过功的蒸汽在凝汽器中凝结为水重复使用，所损失的部分蒸汽和水由净化水设备定时制水补充。

火力发电厂的水、汽循环系统中，供给锅炉的水是经过除氧器脱氧后，经给水泵升压，再经高压加热器加热，通过省煤器送给锅炉。给水在锅炉中受热生成蒸汽，蒸汽经过过热器提高温度后送往汽轮机，由汽轮机排出负压的低温蒸汽（约45℃）在凝汽器中凝结为水，同时在凝汽器中补充一定的除盐水。混合后的水经过凝结水泵送出，再经低压加热器加热后，送给除氧器脱氧，即是循环后的锅炉给水。

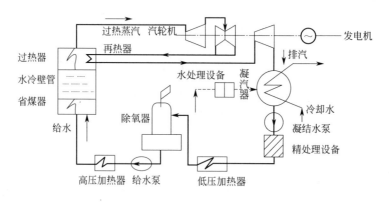

图 4-2　凝汽式发电厂水、汽系统流程

在火力发电厂中，易发生腐蚀的设备是与水或蒸汽接触的锅炉、给水管路、热交换器、凝汽器和汽轮机。这些热力设备因其中的介质都具有很高的温度和压力，故常被称作热力设备。热力设备的腐蚀程度与其参数有关，而参数又决定了该设备的材质。

3. 电气一次设备

直接参与生产、变换、传输、分配和消耗电能的设备称为电气一次设备，主要有：进行电能生产和变换的设备，如发电机、电动机、变压器等；接通、断开电路的开关电器，如断路器、隔离开关、接触器、熔断器等；载流导体及气体绝缘设备，如母线、电力电缆、绝缘子、穿墙套管等；限制过电流或过电压的设备，如限流电抗器、避雷器等；互感器类设备：将一次回路中的高电压和大电流降低，供测量仪表和继电保护装置使用，如电压互感器、电流互感器。

4. 电气二次设备

为了保证电气一次设备的正常运行，对其运行状态进行测量、监视、控制和调节等的设备称为电气二次设备，主要有各种测量表计、直流电源设备、各种继电保护及自动装置等。

5. 核电设备

通常把核电站的组成设备称为核电设备。以典型的 1000MW 的核电机组为例，各系统的设备约有 48000 多套件，其中机械设备约 6000 套件，电器设备 5000 多套件，仪器仪表 25000 余套件，总重约 6.7 万吨。

一座 2×1000MW 的压水堆核电站约有 290 个系统，分别归属核岛（NI）、常规岛（CI）和电站辅助设施（BOP）。

二、电力设备常用金属材料

制造电力设备的金属材料主要是碳钢，有的部件采用合金钢。加热器和凝汽器的管材主要采用铜合金，也有采用钢管。

1. 碳钢

碳钢（或称碳素钢）：指含碳量介于 0.0218%～2.11% 之间的铁碳合金。碳钢的特点是冶炼、加工简便，价格低廉。通用碳钢的含碳量一般小于 1.4%，主要包含 Fe、C、S、P、Mn、Si 等元素。

合金钢：指加入了一些金属等元素（Cr、Ni、Si、Mn、Mo、W、V）的铁合金。其特点是综合机械性能强，耐磨性、热硬性高，耐蚀性、抗氧化性能强；当然，合金钢也有一些不足之处，如价格贵、冶炼工艺复杂，某些产品的加工性能差。

2. 电厂用耐热钢

高参数火电厂金属材料主要的工作温度范围在 450～620℃ 之间。电厂用耐热钢是指在高温下有足够强度，且能长期工作不发生大量变形或破坏的抗氧化性能较强的钢。

电厂用耐热钢按显微组织可以分为四类。

① 珠光体耐热钢　加入 Cr、Mo、V 等合金元素，总加入量不超过 5%，属于低合金耐热钢。

② 马氏体耐热钢　加入较多量的 Cr，主要用于汽轮机叶片材料，如 1Cr13、2Cr13。

③ 铁素体耐热钢　加入 Cr、Si、Al 等合金元素，主要用于吹灰器和支吊架等设备，如 Cr21Ti、Cr25Ti。

④ 奥氏体耐热钢　可以工作于温度范围在 600～800℃ 之间的环境中，如 1Cr18Ni9Ti。

3. 电力系统中的新材料

为解决酸、碱、盐等化学浸蚀性土壤中接地网的防腐技术缺陷，改变现有技术落后的状况，有学者利用超音速火焰喷涂技术制备了 Ni-TiN 涂层接地材料。

Ni-TiN 涂层接地材料具有较强的耐腐蚀性和优良的导电性，可满足接地网对防腐性能和电气性能的要求，改型后的制备方法使 TiN 和 Ni 粉末混合更均匀，制备时间更短，涂层更加致密。

4. 核电中的金属材料

核电中的金属材料可细分为碳素钢、低合金钢、不锈钢、镍基合金、钛及其合金、锆合金等，其类型涉及板、带、管、丝、棒和锻件等。与常规热力设备材料相比，核电用材料具有以下主要特点。

（1）核设备用金属材料设计考虑要素多

核能关键设备通常在高温、高压、强腐蚀和强辐照的工况条件下工作，对材料的要求极高，通常要满足核性能、力学性能、化学性能、物理性能、辐照性能、工艺性能、经济性等各种性能的要求，要达到专用的标准法规要求。

（2）质保体系要求严格

按法规、标准和采购技术条件规定完成材料的生产。我国 HAF003/01 和 ASME 等标准对核电材料生产全过程质量控制有明确的要求。对核级材料的设计、生产、试验、探伤、运输全过程在严格的质保体系下完成。对不符合项进行有效的管理和监督，对有损于质量的情况提出切实有效的纠正措施，对各流程进行记录和监察，过程要求具有可追溯性。做到凡事有章可循，凡事有据可查，凡事有人负责，凡事有人监督。

（3）化学成分要求更严格

受压元件的 S、P 含量一般都要求为 150ppm 以下，反应堆压力容器某些部件要求为 80ppm 以下，个别部件 S 含量要求为 50ppm 以下。对某些特定残余元素均有严格规定，如奥氏体不锈钢中硼的含量不得超过 18ppm；与堆内冷却剂接触的所有零件（一般采用不锈钢或合金制造），其钴、铌和钽含量严格限定为 Co≤0.20%，Nb+Ta≤0.15%。某些接触辐照的承压容器，要求限制材料的铜、磷含量。

（4）力学性能试验项目多，指标要求严格

从指标要求上看，有些部件材料冲击韧性测试的要求比火电领域的高得多，往往要同时提供 2 个或 3 个试验温度下的冲击吸收功、侧向膨胀量和纤维区面积等。

（5）无损检测要求更严格

超声波探伤的验收要求比常规压力容器高得多；部分容器用钢板 UT 探伤重叠部分要求达到 10%～15%。对于所有受压部件都有严格的表面质量要求，经过 VT 和 PT 探伤检验。

（6）核电用材的规格大、单体重、对表面光洁度要求高

核电设备用钢板厚度达到 300mm，最大锻件重达 300 吨以上。核级管材、不锈钢材等产品尺寸精度要求高，有的要求直度和表面光洁度，很多核电用材需通过精密超声波、涡流探伤，制造难度极大。

三、电力设备材料的特点

1. 炉管

锅炉钢管用钢应具有下述特性：较高的耐腐蚀性、良好的塑性、优良的焊接性和足够高

的机械强度。对于温度高于400～450℃的设备，还要具有抗蠕胀性，即有较高的耐热性和长期高温运行过程中金相组织的稳定性。

蒸汽温度在450℃以下的低压锅炉钢管，主要选用10号、20号优质碳素钢。蒸汽温度在450℃以上的中、高压锅炉，除水冷壁管和省煤器管用20号钢外，其它管子多采用合金钢。锅炉管子所使用的合金钢有：低合金珠光体耐热钢、马氏体耐热钢和奥氏体耐热钢，其中以低合金珠光体耐热钢用得最多。

2. 过热器管

壁温低于500℃的过热器管，一般采用20号钢。壁温为500～550℃的过热器管，采用15CrMo。壁温为550～580℃的过热器管，采用12CrMoV、12MoXWBSiRe。壁温为600～620℃的过热器管，采用12Cr2MoWVB和12Cr3MoVSiTiB。在国外，壁温超过600℃的过热器管，采用Cr12%的马氏体耐热钢和1Cr18Ni9Ti奥氏体不锈钢。由于奥氏体钢价格昂贵，工艺性比珠光体耐热钢差，所以，当前国内外机组蒸汽参数，一般都在570℃以内、2.74～23.52MPa的水平上，以保证锅炉运行时，锅炉管子处于良好的状态。高压或超高压锅炉汽包采用普通低合金钢制造，如14MnMoNbg钢、18MnMoNbg钢。

3. 汽轮机材料

汽轮机叶片材料应有足够高的常温和高温机械性能、良好的抗震性、较高的组织稳定性、良好的耐蚀性及冷、热加工工艺性能。叶片用钢主要是铬不锈钢1Cr3、2Cr13和强化型不锈钢Cr11MoV、Cr12WMoV、Cr12WMoNbVB等。1Cr13钢主要用于温度低于450℃的高压级叶片，如200MW汽轮机6～12级高压叶片。2Cr13主要用于温度低于450℃的后几级叶片。Cr11MoV钢用于温度低于540℃的高压级叶片，如国产125MW机组、300MW机组的前几级叶片。Cr12WMoV钢用于制造温度580℃以下的大功率汽轮机前级叶片。Cr12WMoNbVB钢主要用于温度在600℃以下的高压汽轮机叶片及围带。

汽轮机主轴、叶轮的材料要求综合机械性好，有一定的抗蒸汽腐蚀的能力。对高温下运行的叶轮和主轴，还要求有足够高的蠕变极限、持久强度、持久塑性和组织稳定性，有良好的淬透性、焊接性能等工艺性能。主轮和叶轮的材料主要是中碳钢和中碳合金钢，如35号钢、35CrMoV、20CrWMoV等。

汽缸、隔板等静子部件，因所处的温度和压力不同，可以选用灰口铸铁、高强度耐热铸铁、碳钢或低合金耐热钢。例如，灰口铸铁用于制造低、中参数汽轮机的低压缸和隔板。ZG25钢用来制造温度在425℃以下汽轮机的汽缸和隔板。ZG20CrMo钢用来制造温度在500℃以下的汽轮机的汽缸和隔板。ZG20CrMoV钢用来制造温度在540℃以下的部件。ZG15CrMo1V钢用来制造温度在565℃以下的部件。

4. 换热器材料

加热器和凝汽器所用的管材，要求传热性能好、具有一定的强度和良好的耐腐蚀性能。为了提高凝汽管的耐蚀性能，目前换热器材料多采用双相不锈钢钢管；如果是海水凝汽器，则采用钛合金管。

第二节 氧闭塞腐蚀电池及其危害

根据化学的基本原理，在铁-水体系或铜-水体系中，氧有双重作用，既可以作为阴极去极化剂，参加阴极反应，使金属的溶解加快，起腐蚀剂的作用；也可以作为阳极钝化剂，阻碍阳极过程的进行，起保护作用。在某一个体系中，氧的作用是什么，要根据具体情况具体分析。

一、氧腐蚀概况

氧腐蚀是热力设备常见的一种腐蚀。热力设备在安装、运行和停运期间都可能发生氧腐蚀。其中以锅炉在运行和停运期间的氧腐蚀最严重。氧腐蚀不仅直接造成热力设备的损坏，降低设备的使用寿命，而且氧腐蚀产物随给水进入锅炉，将在受热面沉积，引起锅炉的其它腐蚀破坏，造成更严重的后果。图4-3给出了氧腐蚀实例图片。

图4-3 氧腐蚀实例图片

火电厂热力设备的氧腐蚀有运行氧腐蚀和停用氧腐蚀两大类。运行氧腐蚀的条件通常是：水中溶氧含量较低、温度较高、水为流动状态、pH较高；停用氧腐蚀一般是在高含氧量、常温、静态和pH接近7的条件下发生。

二、运行氧腐蚀的特征和机理

1. 腐蚀的部位

锅炉运行时，氧腐蚀通常发生在给水管道、省煤器、补给水管道、疏水系统的管道和设备。另外凝结水系统可能遭受氧腐蚀，但腐蚀程度较轻。

决定氧腐蚀部位的因素是氧的浓度。凡是有溶解氧的部位，就有可能发生氧腐蚀。锅炉正常运行时，给水中的溶解氧一般在省煤器就消耗完了，所以锅炉本体不会出现氧腐蚀。但是，当除氧器运行不正常，或者新安装的除氧器没有调整好时，溶解氧可能进入锅炉本体，造成汽包和下降管的腐蚀。

锅炉水冷壁管不可能出现氧腐蚀，因为溶解氧不可能进入冷壁管内。

2. 腐蚀的特征

表面形成许多小型鼓疱，鼓疱的大小相差很大，表面的颜色也有差别（低温时的腐蚀产物 FeOOH 为黄褐色、高温时的腐蚀产物 Fe_3O_4 为黑褐色），鼓疱次层是黑色粉末状物质，除去这些腐蚀产物后，便可看到因腐蚀造成的小坑。$Fe(OH)_2$ 在有氧环境下不稳定，室温下会变为：γ-FeOOH、a-FeOOH 或 Fe_3O_4。

腐蚀的破坏特征表现在以下几个方面。

① 破坏高度集中。

② 蚀孔的分布不均匀。

③ 蚀孔通常沿重力方向发展。

④ 蚀孔口很小，而且往往覆盖固体沉积物，因此不易发现。

⑤ 孔蚀发生需要或长或短的孕育期（或诱导期）。

3. 点蚀源

碳钢表面由于电化学的不均匀性，会造成各部分电位不同，形成微电池。这些电化学的不均匀性包括以下几方面。

① 金相组织的差别。

② 夹杂物的存在。

③ 氧化膜的不完全。

④ 氧浓度的差别。

4. 局部微电池的腐蚀反应

局部微电池的腐蚀过程如同点蚀的发展历程，实际上是一个闭塞腐蚀电池（Occluded Corrosion Cell，OCC）的形成和发展。闭塞腐蚀电池是指在蚀孔的内外，由于腐蚀产物在表层的阻碍，使内部的腐蚀过程加速反应，而外部的发展比较缓慢，导致蚀孔在纵深方向发展速率很快。其反应过程如图 4-4 所示。

阳极反应式

$$Fe \longrightarrow Fe^{2+} + 2e^- \tag{4-1}$$

阴极反应式

$$O_2 + 2H_2O + 4e^- \longrightarrow 4OH^- \tag{4-2}$$

所生成的 Fe^{2+} 进一步反应，即 Fe^{2+} 水解产生 H^+，反应式见式(4-3)

$$Fe^{2+} + H_2O \longrightarrow FeOH^+ + H^+ \tag{4-3}$$

而且钢中的夹杂物如 MnS 就会和氢离子反应，生成 H_2S 会加速铁的溶解，并导致腐蚀形成的微小蚀孔加速发展。

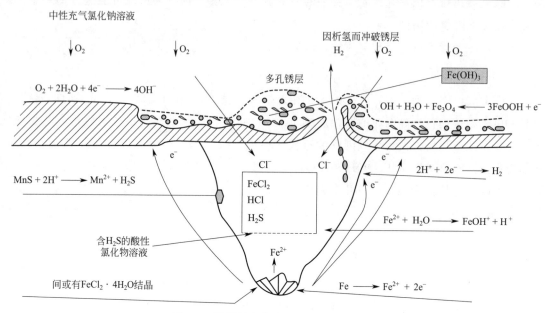

图 4-4　局部闭塞腐蚀过程的发展示意图

由于小蚀坑的形成和 Fe^{2+} 的水解，坑内的溶液和坑外溶液相比，pH 值下降，溶解氧的浓度下降，形成电位的进一步差异，坑内的钢进一步腐蚀，蚀坑得到扩展和加深。

局部蚀孔的形成可分为引发和成长（发展）两个阶段。在钝态金属表面上，蚀孔优先在一些敏感位置上形成，这些敏感位置（即腐蚀活性点）包括以下几方面。

① 晶界（特别是有碳化物析出的晶界），晶格缺陷。

② 非金属夹杂，特别是硫化物，如 FeS、MnS 是最为敏感的活性点。

③ 钝化膜的薄弱点（如位错露头、划伤等）。

5. 氧浓度差异闭塞电池的形成

生成的腐蚀产物覆盖在坑口，导致氧气很难扩散进入坑内，坑内由于铁离子的水解使溶液 pH 进一步下降，硫化物溶解产生了 H_2S，从而加速了铁的溶解。而氯离子通过电迁移进入坑内，氢离子和氯离子都会导致内部阳极腐蚀反应加速。这样，蚀坑进一步扩展，形成闭塞电池。

热力设备运行氧腐蚀机理和上面提到的情况相似。虽然运行时水中溶氧和氯离子的浓度都很低，但具备如下所述形成闭塞电池的条件。

① 能够组成腐蚀电池　电化学不均匀性导致腐蚀反应发生。

② 可以形成闭塞电池　腐蚀产物不能形成完整的保护膜，反而阻碍了氧的扩散。坑内的氧耗尽后，得不到及时补充，从而形成闭塞区。

③ 闭塞区内继续腐蚀　钢变成离子态，并水解产生氢离子，氯离子可以通过电迁移进入闭塞区，氧气在腐蚀产物外面的阴极区被还原。

三、运行中热力设备氧腐蚀的影响因素及防止方法

1. 氧腐蚀的影响因素

（1）氧气浓度

在发生氧腐蚀的条件下，氧气浓度增加，加速腐蚀反应。

（2）pH 值

pH 值在 4～10 范围内对腐蚀无影响，因为溶氧浓度没有改变，阴极反应也不变；pH 值低于 4 时，氢离子会加速溶解，阴极反应的去极化作用增强；pH 值在 10～13 范围内腐蚀减小，因为形成了保护膜。

（3）水温

在密闭系统中，氧浓度一定时，温度升高导致阴、阳极反应加速；敞口情况下，腐蚀速率在 80℃下达到最大值。

（4）水中离子

氢离子、氯离子、硫酸根离子加速腐蚀，对氧化膜起破坏作用，水中氢氧根离子浓度不太高时，可抑制腐蚀，因为有利于形成保护膜。对于各种离子共存时，离子的作用应综合分析。

活性离子能破坏钝化膜，引发孔蚀。如临界氯离子浓度，一般认为：金属发生孔蚀需要 Cl^- 浓度达到临界氯离子浓度。这个浓度可以作为比较金属材料耐蚀性能的一个指标，临界氯离子浓度高，金属耐孔蚀性能好。

（5）水的流速

一般情况下，流速增大会加速腐蚀；但流速达到一定程度时，金属表面溶解氧的浓度达到临界浓度，铁出现钝化，且水流可把覆盖物带走，使之不能形成闭塞电池，从而使腐蚀速率稳定；流速继续增加时，钝化膜被水的冲刷作用破坏，腐蚀速率重新上升。

2. 闭塞腐蚀电池的防止方法

对某些不锈钢设备和材料，从运行工况出发，结合所处的腐蚀环境，从根本上消除闭塞区是比较可行的。对不能完全消除闭塞区的，采用添加缓蚀剂、电化学保护、控制不锈钢合金元素方法对设备和材料进行保护。

（1）消除闭塞区形成的条件

把设备与腐蚀环境隔离开，或者把闭塞区消除在萌生阶段，从根本上避免闭塞电池的形成。如在易发生孔蚀的不锈钢表面或者焊缝进行表面处理，进行表面钝化，从而消除闭塞区。螺栓连接、法兰密封面以及穿墙孔等易形成缝隙的部位采取合适的填充材料，避免缝隙的形成，同样可以消除闭塞区。易发生应力腐蚀环境下的设备或材料采用表面强化技术，增加表面压应力，减少安装和调试过程中产生的应力作用和应力集中，减少应力腐蚀开裂。适当增大介质的流速，减少腐蚀产物的堆积，改善局部浓缩的环境条件等。

（2）缓蚀剂

用缓蚀剂控制闭塞电池腐蚀有以下四种作用方式。

第一，改变体系腐蚀电位和临界电位的关系，或使临界电位上升，或使腐蚀电位下降。当腐蚀电位等于或低于临界电位时，蚀孔或裂缝就不会引发。

第二，改变外表面电位和闭塞区电位的关系，缓蚀剂迁入闭塞区使闭塞区电位正于外表面电位，宏观腐蚀电池便不会形成。

第三，抑制闭塞区溶液的酸化和 Cl^- 的富集，延缓或阻止闭塞区发生钝态、活态转变。

第四，影响闭塞区的阳极过程或阴极过程，从而使闭塞区腐蚀速率或放氢速率减慢，裂缝或蚀孔的扩展受到抑制。

（3）电化学保护

在蚀孔或裂缝的扩展阶段，阴极极化可使闭塞区的化学和电化学条件改变：pH 值由临界值以下升到临界值以上，Cl^- 向外迁移，腐蚀率减小，电位负移，可从电位-pH 图上的"腐蚀区"下降到"免蚀区"。阴极极化时闭塞区内外电位呈线性关系，闭塞区腐蚀速率与外部电位呈指数关系。因而可以通过控制外部电位监控闭塞区的电位和腐蚀率，从而控制局部腐蚀。

（4）采用耐蚀等级高的材料

人们对不锈钢的耐孔蚀性能进行大量的研究后发现，提高不锈钢耐孔蚀性能最有效的元素是 Cr 和 Mo，其次是 N 和 Ni 等。Cr、Ni、Mo 能提高不锈钢钢耐孔蚀性能的原因主要有以下两个方面：一方面，随 Cr、Ni、Mo 含量的增加钝化膜外层中铬的富集程度增加，钝化膜稳定性提高，同时，钼不仅能以 MoO_4^{2-} 形式溶解并吸附在金属表面、抑制 Cl^- 破坏，或形成保护膜防止 Cl^- 穿透，而且能有效抑制钝化膜外层与基体金属之间的过渡层中铬的贫化，改善钝化能力；另一方面，这三种元素都使低电位、低 pH 值下的活化腐蚀区缩小，即闭塞电池内金属表面由钝化态转变为活化态的难度增加，从而有效抑制局部腐蚀的发展过程。

氮元素能提高钢在酸性（pH≤4）溶液中的孔蚀电位。碳元素若以碳化物形式存在则使铁素体和奥氏体钢的孔蚀敏感性增大，而在敏化条件下影响更显著。硅在钢中以固溶形式存在有利于提高抗孔蚀性能，若发生晶界偏析或以夹杂物形式存在则易诱发孔蚀。锰元素通常能增加不锈钢的孔蚀敏感性，当合金中 S 含量愈高时，抗孔蚀性能愈差，锰和硼与硅一样，只是在固溶状态下对抗孔蚀有益。

不同材料耐缝隙腐蚀的性能有很大差别。随 Cr、Ni、Mo 等元素含量的增加，不锈钢的抗缝隙腐蚀性能增强。Cr、Ni、Mo 元素能增强不锈钢耐缝隙腐蚀的能力，一方面，由于这三种元素能提高钝化膜的破裂电位，促使缝内钝化膜破坏的难度增大而延缓缝隙腐蚀的萌生；另一方面，通过缩小低 pH 值下活化腐蚀区从而阻止缝隙腐蚀的发展。

四、热力除氧法

由于天然水中溶有大量的氧气，补给水中含有溶解态的氧气。汽轮机凝结水也溶解有氧气，因为空气可以从凝汽器、凝结水泵的轴封处、低压加热器和其它处于真空状态下运行设备的不严密处漏入凝结水。敞口的水箱、疏水系统和生产返回水中，也会漏入空气。所以，补给水、凝结水、疏水和生产返回水都必须进行除氧。

1. 原理

亨利定律是指任何气体在水中的溶解度与该气体在气水分界面上的分压成正比。

在敞口设备中将水温升高时，水面上水蒸气的分压升高，其它气体的分压下降，结果使其它气体不断析出，这些气体在水中的溶解度就下降，当水温达到沸点时，水面上水蒸气的压力和外界压力相等，其它气体的分压为零。所以，溶解在水中的气体将全部分离出来。

热力除氧的原理是，根据亨利定律，在敞口设备中将水加热至沸点，使氧在气水分界面上的分压等于零，水中溶解的氧就会解析出来。

在一定压力下二氧化碳的溶解度随水温升高而降低，当水温达到相应压力下的沸点时，热力除氧法不仅能够除去水中的溶解氧，而且能除去大部分二氧化碳等气体。

在热力除氧过程中，还可以使水中的碳酸氢盐分解，因为 HCO_3^- 分解时产生 CO_2，如式(4-4)所示。

$$2HCO_3^- \longrightarrow CO_2 + CO_3^{2-} + H_2O \tag{4-4}$$

除氧过程中把 CO_2 除去了，该反应向右方移动。当然，HCO_3^- 只分解一部分，温度愈高，沸腾时间愈长，水中游离 CO_2 浓度愈低，则 HCO_3^- 的分解率愈高。

2. 除氧器的分类

热力除氧器是把要除氧的水加热到相应压力下的沸腾温度，使溶解于水中的氧和其它气体解析出来。

热力除氧器按水加热方式的不同分为两大类：第一类是混合式除氧器，水在除氧器内与蒸汽直接接触，使水加热到除氧器压力下的沸点；第二类是过热式除氧器，先将要除氧的水加热，使水温超过除氧器压力下的沸点，然后将加热的水引入除氧器内进行除氧，过热的水由于减压，一部分自行汽化，其余的水处于沸腾温度下。

热力除氧器按其工作压力不同，可以分为真空式、大气式和高压式三种。真空除氧器的工作压力低于大气压力。大气式除氧器的工作压力稍高于大气压力，称为低压除氧器。高压除氧器的工作压力比较高，电厂中常用的工作压力是 0.6MPa，称为高压除氧器。

热力除氧器按结构形式分，可以分为淋水盘式除氧器、喷雾填料式除氧器、膜式除氧器等。淋水盘式除氧器是目前火力发电厂常用的一种。单纯的喷雾式除氧器实际应用不多，喷雾填料式除氧器由于除氧效率较高，应用日益广泛。膜式除氧器除氧效率也较高，正在逐步推广应用。

电厂应用的除氧器，从加热方式讲，一般是混合式。从工作压力讲，既有大气式，又有高压式，有的电厂把凝汽器兼作除氧器，那就是真空式的除氧器。

3. 除氧器的组成

除氧器一般由除氧头和贮水箱两部分组成。各种类型除氧器的区别主要是除氧头内部结构不同。下面简要介绍电厂应用的各种除氧器的特点。

（1）淋水盘式除氧器

淋水盘式除氧器对于运行工况变化的适应性较差；同时，因为除氧器中蒸汽和水进行传热、传质过程的表面积小，因此，除氧效率较低。

（2）喷雾填料式除氧器

喷雾填料式除氧器的优点是除氧效果好。运行经验说明，只要加热汽源充足，水的雾化程度又较好，在雾化区内就能较快地把水加热至相应压力下的沸点，90%的溶解氧可以除去。同时，在填料层表面，由于形成水膜，表面张力大大降低。因此，水中残余的氧就会较快地自水中扩散到蒸汽空间去，这样，经过填料层再次除氧，又能除去残留溶解氧的 95%以上。所以，除氧器出口水溶解氧可降低到 $5\sim10\mu g/L$，有时还可降得更低。同时，喷雾填料式除氧器能适应负荷的变化，因为即使雾化区受工况变化造成雾化水滴加热不足，也会在填料层继续受热，使水加热到相应压力的沸点，所以，除氧器在负荷变化时仍保持稳定的运行工况。此外，这种除氧器还具有设备结构简单，检查方便，设备体积小，除氧器中的水和蒸汽混合速率快等优点。

（3）凝汽器的真空除氧

凝汽器也是一个除氧器。因为凝汽器运行时，凝结水的温度通常相当于凝汽器工作压力下水的沸点，所以，它相当于一个真空除氧器。为了提高除氧效果，除了保证凝结水不要过冷，使凝结水处于相应压力下的沸点之外，还要在凝汽器中安装使水流分散成小股水流或小水滴的装置。

（4）膜式除氧器

近年来，有的电厂把淋水盘式和喷雾式除氧器改为膜氧器，提高了除氧效果。膜式除氧器的除氧头的结构为：上层布置膜式喷管，中层布置空心轴弹簧喷嘴，下层布置不锈钢丝填料层。补给水由膜式喷管引进，凝结水和疏水由空心轴弹簧喷嘴引入，膜式喷管把需除氧的水变为高速旋转薄膜，强化了汽水间的对流换热；同时，也有利于氧的解析和扩散，膜式喷管和机械旋流雾化喷嘴相比，在传热和传质方面具有明显的优越性。膜式除氧器运行稳定，除氧效果好，能适应负荷的变化。

4. 提高除氧效果的辅助措施

为了提高除氧器的效能，可以采取一些辅助措施。

（1）在喷雾填料除氧器中，加装挡水环

除氧器中有一部分水会喷到除氧头的筒壁上，然后沿筒壁从填料层的边缘流入水箱，这部分水不能和蒸汽充分接触，从而影响除氧效果。为了防止出现此问题，可以在内壁的合适位置装一个挡水环，使这部分水返回到除氧头的可热蒸汽空间去；也可以在填料层上部加装挡水淋水盘，使这部分水以淋水的方式下落，这样就改善了传热和传质的条件。

（2）在水箱内加装再沸腾装置

为提高除氧效果，可以在水箱内安装再沸腾装置，使水在水箱内经常保持沸腾状态。这种装置的形式有两种：一种是在靠近水箱底部或中心线附近沿水箱长度装一根开孔的管子进汽，或是在除氧头垂直中心线下部装几个环形的开口管子进汽；另一种是在水箱中心线附近装一根蒸汽管，并在其上装喷嘴。

（3）增设泡沸装置

有的除氧器，在除氧头的下部装泡沸装置，它和再沸腾装置的主要区别是对水的加热方式不同。在有再沸腾装置的情况下，除氧头下来的水不一定全部和再沸腾装置接触。而加装泡沸装置时，除氧头下来的水要全部通过泡沸装置，再次加热沸腾。

为了取得满意的除氧效果，除了采取上面的一些辅助措施之外，在除氧器的结构和运行方面，还应当注意以下几点。

（1）水应加热至与除氧器压力相应的沸点

运行经验指出，如果水温低于沸点1℃，出水含氧量增加到大约0.1mg/L。为保持水的沸点，要注意调节进汽量和进水量。由于人工调节效果不好，通常应安装进汽和进水的自动调节装置。

（2）气体（蒸汽）的解析过程应进行得完全

除氧器的除氧效果，取决于传热和传质两个过程。传热过程就是把水加热到相应压力下的沸点，传质过程就是使溶解气体自水中解析出来。没有前一个过程就不能有后一个过程。水在除氧过程中，大约90%的溶解氧以小气泡形式放出，其余的10%靠扩散作用自水滴内部扩散到表面。如果水滴越小，则比表面积（每立方米水所具有的表面积）越大，传热和传质过程进行得越快。但是，水滴越细，表面张力越大，溶解氧的扩散过程愈困难。如果进一步使水生成水膜，表面张力将降低，少量残留氧将容易扩散出去。所以，在确定除氧器结构时，应考虑使传热和传质过程进行得顺利，使除氧效果最高。

（3）保证水和蒸汽有足够的接触时间

水加热时，水中溶解氧浓度的降低速率与其浓度成正比。所以，要使出口氧的浓度降到零，除氧时间将无限长。也就是说，对除氧程度要求愈高，除氧所需的时间愈长。

当然，在除氧器中，无限延长除氧时间是不可能的。但是，采用多级淋水盘、增加填料层高度等方法，适当延长水的加热除氧过程，则可以提高除氧效率。

（4）应使解析出来的气体顺畅地排出

气体不能从除氧器中及时排出，会使蒸汽中氧分压加大，出水残留氧量增加，大气式除氧器的排汽，主要靠除氧头的压力与外界压力之差。由于除氧器压力不可避免地会有波动，特别是用手调节时会出现波动，所以，除氧器运行时最好保持压力不低于0.02MPa，如果压力过低，当压力波动时，除氧器内的气体就不能顺畅地排出。

（5）补给水应连续均匀地加入，以保持补给水量的稳定

因为补给水含氧量高，一般达6～8mg/L，温度常低于40℃，所以，当加入除氧器的补给水量过大或加入量波动太大时，除氧器的除氧效果关闭，出水含氧量不符合水质标准。

（6）几台除氧器并列运行时负荷应均匀分配

如果各台除氧器的水汽分配不均匀，使个别除氧器的负荷过大或者给水量太大，会造成给水含氧量增高。为了使水汽分布均匀，贮水箱的蒸汽空间和容水空间应该用平衡管连接起来。

为了掌握除氧器的运行特性，以便确定除氧器的最优运行条件，需要进行除氧器的调整，除氧器调整试验的内容包括：确定除氧器的温度和压力，确定除氧器的负荷、进水温度、排汽量和补给水率等。

五、化学除氧法

化学除氧常用的药品是联氨，参数比较低的锅炉有的采用亚硫酸钠进行化学除氧。

给水联氨处理最早是 20 世纪 40 年代由德国开始应用的，以后，英、美、法、苏等国相继使用，我国从 50 年代末期开始采用。对联氨处理的效果，各个国家都是肯定的。由于联氨处理不增加炉水固形物，所以，它不仅在汽包炉广泛应用，而且可以作为直流炉给水的除氧剂。

1. 联氨性质

联氨，又名肼，分子式为 N_2H_4，在常温下是一种无色液体，易溶于水，它和水结合成稳定的水合联氨（$N_2H_4 \cdot H_2O$），水合联氨在常温下也是一种无色液体。

联氨容易挥发，当溶液中联氨浓度不超过 40％时，常温下联氨的蒸发量不大。联氨是强侵蚀性物质、有毒，浓的联氨溶液会刺激皮肤，它的蒸气对呼吸系统和皮肤有侵害作用，所以空气中联氨的蒸气量最大不允许超过 1mg/L。当联氨蒸气和空气混合达到 4.7％（按体积计）时，遇火便发生爆炸。

联氨的水溶液和氨相似，呈弱碱性，它在水中按下列反应式电离：

$$N_2H_4 + H_2O \longrightarrow N_2H_5^+ + OH^- \qquad 电离常数 K_1 为 8.5 \times 10^{-7}(25℃) \qquad (4-5)$$

$$N_2H_5^+ + H_2O \longrightarrow N_2H_6^{2+} + OH^- \qquad 电离常数 K_2 为 8.9 \times 10^{-16}(25℃) \qquad (4-6)$$

联氨水溶液的碱性比氨弱，25℃时 1％的 N_2H_4 水溶液的 pH 值约为 9.9。

联氨和酸作用生成盐，例如，硫酸单联氨［$N_2H_4 \cdot H_2SO_4$］、硫酸双联氨［$(N_2H_4)_2 \cdot H_2SO_4$］、单盐酸联氨［$N_2H_4 \cdot HCl$］和双盐酸联氨［$N_2H_4 \cdot 2HCl$］，这些盐类在常温下是固体，硫酸单联氨、单盐酸联氨均为白色固体，毒性比水合联氨小得多，便于使用、储存和运输。

2. 联氨的缓蚀原理

联氨虽然已经在电厂的给水处理中得到了广泛应用，但是对于它的缓蚀机理却有不同的看法。大体上有三种看法：多数认为联氨是阴极缓蚀剂，有的认为联氨是阳极缓蚀剂，也有的认为联氨的缓蚀原理是替代反应。

（1）联氨是阴极缓蚀剂的观点

这种观点认为，联氨是一种还原剂，特别是在碱性溶液中，它的还原性更强。联氨在给水中和氧发生反应，其反应式为：

$$N_2H_4 + O_2 \longrightarrow N_2 + 2H_2O \qquad (4-7)$$

由于联氨和氧反应降低了氧的浓度，使阴极反应的速率下降，所以属于阴极缓蚀剂。

（2）联氨是阳极缓蚀剂的观点

这种观点认为，联氨减缓腐蚀的机理是联氨优先吸附在阳极引起阳极极化，使总的腐蚀速率减小。当阳极被联氨不完全覆盖时，总的腐蚀集中在更小的阳极面积上，使局部腐蚀强度增加，当达到某一临界浓度（$\geqslant 10^{-2} mol/L$），钢的电位发生突跃，阳极被联氨完全覆盖，腐蚀速率明显下降，钢的稳定电位约为-150mV，与钢在铬酸盐和苯甲酸盐（浓度超过临界浓度）中的稳定电位（分别为-180mV和-200mV）接近，这说明联氨和铬酸盐、苯甲酸盐一样属于阳极缓蚀剂。

（3）联氨的缓蚀原理是替代反应的观点

有的学者认为，联氨不是和氧直接反应，而是发生一种替代反应。这种观点认为，不加N_2H_4时，在阳极发生的反应是铁失电子，在阴极发生的反应是氧的还原；加N_2H_4时，阴极发生的反应仍然是氧的还原，而阳极发生的反应却是：

$$N_2H_4 + 4OH^- \longrightarrow N_2 + 4H_2O + 4e^- \tag{4-8}$$

这就防止了铁的腐蚀，同时，又把氧除掉了。N_2H_4类似于阴极保护中的牺牲阳极，如镁或锌。

根据运行经验，联氨除氧的效果与联氨的浓度、溶液pH值、催化剂等因素有密切关系。为了取得良好的除氧效果，联氨处理的合理条件是：水温在$200℃$以上，介质的pH值在$8.7\sim11$之间，有一定的过剩量，最好能加催化剂。常用的催化剂是有机物，如1-苯基-3-吡唑烷酮、对氨基苯酚、对甲氨基苯酚及其加成盐、邻或对醌化合物、芳胺和醌化物的混合物等。联氨中加入催化剂以后，这种联氨称为活性联氨或催化联氨，在配制催化联氨时，催化剂和联氨的浓度比例不太严格。对于高压和超高压等高参数机组，给水温度一般等于或大于$215℃$，如果给水的pH值调节到$8.8\sim9.2$，在该条件下，联氨处理可以得到满意的除氧效果。

3. 联氨的其它作用

联氨不仅可以除氧，它还可以将Fe_2O_3还原为Fe_3O_4或Fe，将CuO还原为Cu_2O或Cu，反应式如下所示。

$$6Fe_2O_3 + N_2H_4 \longrightarrow 4Fe_3O_4 + N_2 + 2H_2O \tag{4-9}$$

$$2Fe_3O_4 + N_2H_4 \longrightarrow 6FeO + N_2 + 2H_2O \tag{4-10}$$

$$2FeO + N_2H_4 \longrightarrow 2Fe + N_2 + 2H_2O \tag{4-11}$$

$$4CuO + N_2H_4 \longrightarrow 2Cu_2O + N_2 + 2H_2O \tag{4-12}$$

$$2Cu_2O + N_2H_4 \longrightarrow 4Cu + N_2 + 2H_2O \tag{4-13}$$

据文献介绍，温度在$49℃$以上时，N_2H_4能够促使Fe表面生成Fe_3O_4保护层；当温度高于$137℃$时，Fe_2O_3能迅速地被N_2H_4还原为Fe_3O_4。由于联氨能使铁的氧化物和铜的氧化物还原，所以，联氨可以防止锅内生成铁垢和铜垢。

联氨遇热会分解，至于分解产物，有的认为是NH_3和N_2，分解反应是：

$$3N_2H_4 \longrightarrow 4NH_3 + N_2 \tag{4-14}$$

有的认为分解产物是NH_3、N_2和H_2，分解反应是：

$$3N_2H_4 \longrightarrow 2NH_3 + 2N_2 + 3H_2 \tag{4-15}$$

在没有催化剂的情况下，联氨的分解速率主要取决于水的温度和pH值。温度愈高，分解速率愈高，pH值升高，分解速率降低。在$50℃$以下时分解速率很小，温度达$113.5℃$时分解速率每天约$0.01\%\sim0.1\%$；在$250℃$时，分解速率大大加快，每分钟分解10%；在

300℃时，当 pH 值为 8，联氨能在 10min 内分解完，当 pH 提高到 9 时，要 20min 分解完全，pH 为 11 时要 40min 才能分解完全。由此可见，高压锅炉联氨处理时，即使有一定的过剩量，联氨也会很快分解，不会带到蒸汽中去。

4. 联氨处理的实施

确定联氨加药量时，第一，要考虑除去给水溶解氧所需的量；第二，要考虑与给水中铁、铜氧化物反应所需的量；第三，要考虑为了保证反应完全以及防止出现偶然漏氧时所需的过剩量。有的文献介绍了联氨加药量的计算方法，由于联氨在锅炉中的反应比较复杂，计算结果不太可靠。通常掌握联氨的加药量是控制省煤器入口给水的 N_2H_4 含量。按照运行经验，当联氨处理的目的是除氧时，给水 N_2H_4 的含量控制在 $20\sim50\mu g/L$ 的范围内。在联氨处理的开始阶段，不仅给水中氧及铁、铜的氧化物消耗 N_2H_4，而且给水系统金属表面的氧化物也消耗一部分 N_2H_4，所以，省煤器入口的给水中不含 N_2H_4。当 N_2H_4 处理到一定程度时，这些氧化物和 N_2H_4 的反应基本上完成以后，在省煤器入口的给水中才会出现 N_2H_4。为了加快反应速率，N_2H_4 的最初加药量要大些，在设计联氨加药设备时，一般按给水中需加 $100\mu g/L$ 计算，在联氨处理的开始阶段，可按此加药量控制，发现给水中有过剩 N_2H_4 时逐步减少加药量。

联氨处理所用的药品一般为含 40% 联氨的水合联氨溶液，因为采用联氨盐会增加炉水的溶解固形物，降低 pH 值，而且溶液呈酸性，加药设备要防腐，尽管联氨盐类在保存、运输和使用时比较方便，但在实际中很少采用。

联氨一般在高压除氧器水箱出口的给水母管中加入，通过给水泵的搅动，使药液和给水均匀混合。根据运行经验，当水温在 270℃ 以下时，如果给水溶解氧的含量低于 $10\mu g/L$，联氨和氧的反应实际上不进行。当高压除氧器运行正常时，给水溶解氧含量小于 $10\mu g/L$，这时，联氨和氧的反应进行很慢，而除氧器出口至省煤器入口的距离较短，给水流经这一段时间也就短，在这么短的时间内，联氨和溶解氧的反应基本上没有进行，这样，省煤器入口处给水的溶解氧含量没有发生明显降低，联氨的除氧效果差。

为了提高除氧效果，可以把联氨的加入位置改在凝结水泵的出口，使联氨和氧的反应时间延长，除氧效果会显著提高。据文献介绍，在凝结水泵出口加联氨，一般情况下除氧器入口的溶解氧可能降至 $7\mu g/L$ 以下。此外，在凝结水泵的出口加联氨，还可以减轻低压加热器铜管的腐蚀。

联氨的加药过程示意如图 4-5 所示。加药的主要操作步骤是，先开动喷射器抽真空，把联氨吸到计量器，当联氨达到需要量时，关掉抽气门，停止喷射器，打开计量器的空气门和下部阀门，将联氨引至加药箱，同时加入除盐水，使联氨稀释至规定浓度（如 0.1%），启动加药泵把联氨加入系统。由于这种加药系统基本上是密闭的，工作人员不和联氨直接接触，联氨在空气中的挥发量很小，因此比较安全。

由于联氨有毒，易挥发易燃烧，所以在保存、运输、使用中要特别注意。联氨浓溶液应密封保存，水合联氨应储存于露天仓库或易燃材料仓库，联氨储存处应严禁明火。操作或分析联氨的人员应戴眼镜和橡皮手套，严禁用吸管移取联氨。药品溅入眼中应立即用大量水冲洗，若溅到皮肤上，可先用醇洗受伤处，然后用水冲洗，也可以用肥皂洗。在操作联氨的地方应当通风良好、水源充足，以便当联氨溅到地上时用水冲洗。

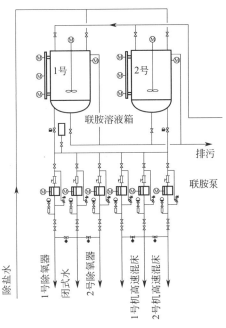

图 4-5　联氨的加药过程示意

六、给水加氧处理

1. 什么是给水加氧处理

给水加氧处理是 20 世纪 60 年代后期由联邦德国首创。起初在中性的高纯度给水中加双氧水或气态氧，称为中性水处理（简称 NWT），适用于直流锅炉。后因中性纯水的缓冲性能太小，如 pH 值小于 6.5，则钢材的腐蚀速率陡增。因而于 20 世纪 80 年代初又推出了加微量氨的氨-氧联合处理的运行方式（简称联合水处理，CWT），保持给水 pH 值为 8.0～8.5。随着大容量、高参数机组的迅速发展，超临界、超临界机组的出现和水处理技术的进步，这种处理方式的优越性随着时间的增长而日益明显。目前在国际上，给水加氧处理技术已得到越来越多国家的电力部门的承认和推广，而且纯水 pH 值的适用范围也扩展到 7.0～9.0（也有扩展到 9.3 的，即 AVT+O_2 方式）。这种处理方式的特点是要在高纯给水中加挥发性氧化剂（氧或双氧水），与传统的全挥发性处理（简称 AVT）有完全不同的机理，而且在实际应用中普遍采用价廉的气态氧，因此，习惯上通称为给水氧处理法（简称 OT）。我国在 1987 年后也进行了这方面的研究，并在一台 1000t/h 亚临界燃油直流炉机组上完成了大型工业试验，取得了实践经验和初步效果。

给水加氧处理突破了传统的全挥发性处理原理，把过去认为引起钢材腐蚀的有害物质而必须彻底除掉的氧，在一定条件下变成有利于防腐的要素，使金属表面氧化，形成保护膜。这种方式又称为给水氧处理法。其机理是：在流动的纯水中均匀地供给一定量的氧，提高铁的电极电位到＋0.3V以上，从铁的电位-pH图上可看出，在此电极电位时，金属处于稳定的Fe_2O_3钝化区，水中带入的Fe离子在高温氧化态下形成FeOOH，进一步生成Fe_2O_3，覆盖在原有的Fe_3O_4层上，使带入锅炉汽水系统内的含铁量显著降低。

2. 加氧处理的分类及特点

加氧处理分为保持水质为中性的加氧处理和保持水质为弱碱性的加氧处理，区别就在于水质pH值的控制有所不同。这两种方法各有特点，一般在现场更实用的方法是后者，因为这种情况下的水质缓冲性较强。

保持水质为中性的加氧处理是使给水pH值保持中性，一般是6.5～7.5，同时在给水中加氧或者过氧化氢。所以，中性处理是指加氧或过氧化氢的中性水处理法。保持水质为弱碱性的加氧处理使给水pH值保持弱碱性，一般是8.5～9.0。

加氧或过氧化氢能防止腐蚀是因为氧有双重作用，它既可以是阴极去极化剂，又可以是阳极钝化剂，当氧作为阴极去极化剂时，氧含量增加，腐蚀速率上升。当氧作为钝化剂时，氧的存在是降低腐蚀速率的，并且在一定浓度范围内，随着氧浓度的增加，腐蚀速率下降。究竟氧起何种作用，要根据条件来确定。钢与水中氧反应的结果，在其表面生成一层Fe_3O_4，反应式为：

$$6Fe + \frac{7}{2}O_2 + 6H^+ \longrightarrow Fe_3O_4 + 3Fe^{2+} + 3H_2O \qquad (4\text{-}16)$$

所生成的Fe_3O_4称为内伸层，和钢本身的晶体结构相似。在晶体之前有空隙，水仍会从空隙渗入钢表面，使钢产生腐蚀，如果不能堵塞这些空隙就没有防蚀效果。在水中加O_2或H_2O_2，能使Fe^{2+}氧化为Fe_2O_3，其反应式为：

$$2Fe + 2H_2O + \frac{1}{2}O_2 \longrightarrow Fe_2O_3 + 4H^+ \qquad (4\text{-}17)$$

所生成的Fe_2O_3沉积在Fe_3O_4膜上面，堵塞Fe_3O_4的空隙，使水无法通过膜，钢的腐蚀受到抑制，这层Fe_2O_3称为外延层。由此可见，如果说氧的存在能产生外延层，那么，氧就可对钢起钝化作用，否则不起钝化作用。

给水加氧后，铜材表面生成高价氧化铜，其溶解度比全挥发性处理时形成的低价氧化铜高，这是加氧处理不足之处。要采取必要的措施。铁的pH-电位图（Pourbaix图）是由热力学平衡计算求得，无动力学特点，而且是在一定条件下得出的，仅对机理作解释用。

3. 给水加氧处理必须具备的条件

(1) 水质的纯度要求很高

加氧处理方法就是在高纯水中氧对碳钢的腐蚀试验中发现的。这是采用OT法的首要条件，实践表明，水质纯度愈高，加氧处理的效果愈好。给水的氢交换后电导率（25℃）最低要求应小于0.20。实际上都控制在小于$0.10\mu S/cm$。国外研究表明，影响腐蚀速率增高的杂质主要是水中SO_4^{2-}、Cl^-等阴离子。即使已形成稳定的保护膜，如果水质变坏，氢交换电导率上升，在加氧条件和水中某些阴离子作用下，还会损坏保护膜，使腐蚀速率显著上升。因此要始终保持高纯度的水质。通常在机组起动初期要先采用全挥发性处理，待给水水质小于等于$0.20\mu S/cm$后再转入OT处理。

（2）机组水汽循环系统内应无铜合金（即无铜系统）或平均水温超过50℃时不采用铜合金管材的热交换器。这是因为OT方式运行下，CuO在纯水中的溶解度增大，尤其是温度较高时更为突出。国内工业试验时也看到这种现象。建议用无铜系统或半无铜系统（至少温度在85～140℃的两级低压加热器用钢管，凝汽器和低温部分的加热器仍用铜合金）。英国还试验了一种COHAC法，即联合氧-联氨-氨的处理方法，以解决铜合金加热器内Cu的溶出，即从凝汽器到除氧器前为"氨与联氨"的还原性AVT方式运行，低压加热器的加热蒸汽中也加入N_2H_4，以抑制Cu的溶出；除氧器后加氧，以OT方式运行，降低给水中的Fe含量。这也是一种处理方法，运行管理上要复杂些，因而未见推广应用实例。

上述两条是基础，具备了这些基本条件，就可以采用这种处理方式。

4. 给水加氧处理的优越性

给水中含铁量明显下降是给水加氧处理的主要特点，可以保护钢材免受腐蚀和减少由此带来的受热面结铁垢。

锅内受热面结垢速率下降，节流孔板处结垢状况已基本消除。

锅炉和高压加热器前后的压差降低，国外资料在这方面的报导很多，因为有些直流锅炉根据压差Δp值来决定酸洗锅炉周期，有些地方的锅炉用AVT处理后运行不到1年就要进行酸洗。改变处理方式后，收到了十分显著的效果。因而CWT名声大振，在国际上得到承认和推广。在同一台机组上，对两种处理方式锅炉总压差进行对比，CWT处理时稳定在一个水平上波动，而AVT则起初上升快，超过3000h后基本平缓，与磁性氧化铁结垢速率增长的抛物线规律相似。

锅炉的酸洗周期延长，从德国推行加氧处理以来，最长的一台锅炉用NWT处理已累计运行18万小时，还没有必要酸洗。此外，自从推行CWT后，有的锅炉运行已经达10年以上，也还没有一台炉需要进行酸洗。

不影响汽轮机效率，用AVT处理时，由于水、汽系统中腐蚀产物含量多，汽轮机结垢成分中氧化铁占的比例很大，使汽轮机效率受到影响；AVT处理时效率下降快，尤其是中压缸，而改为CWT后，效率基本不受影响（汽轮机效率下降还有其它因素）。

延长凝结水精处理装置的运行周期，同时节省再生药品和费用，减少污染和排废处理。由于加氨量减少，延长混床运行周期是必然的。一般比AVT延长约5倍。此外，还提高了出水质量。

经济效益较高，从上述各点来看，采用CWT后，和AVT相比，因Δp下降，节省了给水泵动力费，延长了化学清洗周期，可以节省大量酸洗药品费、设备、材料、人工费和减少大修工时，凝结水处理的药品费用可以减少1/5～1/3，给水处理药品费也可以节省（降低NH_3的用量，不用N_2H_4，而增加氧量的价格又低），凝结水处理的自用水量可以大幅度下降，排废处理减少，有利于环境保护。此外，用于锅炉、汽轮机效率方面的效益与AVT相比也是很可观的。

总之，在有条件的机组上采用加氧处理，尤其在超临界机组上，它有十分明显的综合效益，这就是近年来这项技术在国际上得到广泛重视和采取积极推广应用的缘由。

5. 加氧位置及加氧装置

（1）加氧位置

加氧的位置有两处，一处是低压加热器前的凝结水母管上（凝结水精处理装置后）；另一处是给水泵入口母管上。两个加氧点可以都用，也可以只用其中一点。

从凝结水母管上加氧适用于无铜系统加氧后，保护了包括低压加热器在内的整个水汽系统钢材，而且氧的加入量较少，有部分剩余的氧在水汽系统内循环。缺点是负荷变动时，给水加氧量的调节较困难。

从给水泵入口加氧，适用于有铜系统，如果凝汽器运行良好，凝结水负压系统（包括凝泵的入口端）严密，凝结水仍为低氧的纯水，仅低压加热器、轴封加热器的疏水中有较高的氧，视其影响大小，即使要处理（加 N_2H_4），其量也少，这样有可能保持较低的铜溶出量，而且，在除氧器后加氧，氧量易控制，缺点是加入氧量较多。

至于两点都加，一般考虑以凝结水母管加氧为主，给水泵前加氧为补充，这样的方式要复杂些，一般采用其中一点加氧。还有个别情况下把 O_2 加入疏水系统的，都是补充措施。

（2）加氧装置

氧化剂为 H_2O_2 时，都用计量泵加药，并有一套不锈钢制的 H_2O_2 溶液箱和计量箱。采用气态氧时，有减压调压装置、流量计和计量调节阀，还有防止倒回的安全装置。

6. 加氧处理出现过的问题及解决办法

给水泵密封水长期运行后，硬质金属环中的结合金属（Ni、Co）和碳环中的 Sb 均被溶解，滑环面层局部被冲刷，使局部缝隙增大而泄漏，泄漏逐步扩大使密封环损坏。通过试验研究，可以用在水中不发生反应的碳化硅环来代替。或使用以 Ni、Cr、Mo 为结合金属的碳化钨硬质合金环，以合成树脂代替硬质碳中的渗锑层。

钴基合金（Stellite）材料的选择性腐蚀。有钴基合金密封面的喷水阀及小流量给水调节阀的阀座区域在采用 CWT 后，发生强烈磨损，但没有出现在蒸汽管道的调节阀门上。这种损伤，从宏观上看有沟纹状冲刷现象，从微观上看有密封滑环的选择性腐蚀现象。由碳化钨硬质金属和渗锑的碳组成的给水泵轴向密封滑环，在经加氧处理的高纯密钴基合金的浇铸接缝和焊接堆焊接缝处发生选择性腐蚀。接缝组织主要是由一次凝固而成的钴基块枝状晶体构成，其中有 M7C3 型（富铬和富钨的碳化物）和贫铬相组成的低共熔化合物。这种低共熔物相被腐蚀溶解，所析出的碳化物受到水流冲击而破裂，失去了抗磨损和抗气蚀的作用。阀门的磨蚀加速发展，导致泄漏量增大，起不到调节阀的作用。后进行了多种材质的磨损试验，选用经油淬硬化的马氏体钢 X22CrNi17。其化学成分为：C，$0.17\% \sim 0.25\%$；Mn，1.0％；Si，1.0％；Ni，$1.5\% \sim 5\%$；Cr，$16\% \sim 18\%$。

在国内试验时，由于产生的高价铁的氧化产物颗粒太细，使覆盖过波器（凝结水精处理的前置过滤器）的周期缩短。解决办法是适当增加氨量，保持 pH 值在 8.7 左右，情况有些好转，但仍达不到 AVT 时的水平，对此，尚需进一步研究，可能因给水纯度不够，还可能受到有机物质、CO_2 等的污染。

日本知多第二火电厂 1 号机组（700MW）试验时，发现由 AVT 转为 CWT 后，电磁除铁过滤器周期缩短，7 个月后，周期下降到 AVT 的 1/10（2 日），原因也是细颗粒（小于 $1\mu m$）氧化铁增多。

给水水质差（氢交换后电导率大于 $0.3\mu S/cm$）而采用 NWT 的机组上，有报道在高压加热器钢管的汽侧冷凝段发生酸性腐蚀损坏。蒸汽初凝的水膜层中有溶解性碳酸化合物积累，局部部位凝水 pH 值降到 4.5 以下，在 O_2 共同作用下，加速了腐蚀。因此要提高水质，或改用 CWT 方式运行。

第三节　二氧化碳酸性腐蚀及防护

1988 年，英国北海油田阿尔法海洋平台由于 CO_2 腐蚀造成破坏导致剧烈爆炸，造成 166 人死亡，使得北海油田年减产 12%。由此，很多国家开展了对二氧化碳腐蚀的研究。

早在 1940 年人们就提出了二氧化碳腐蚀研究报告，此后这方面的研究进展一直比较缓慢。二氧化碳最初是于 1962 年作为酸化和压裂处理的添加剂而开始被人们所使用的，此后作为一种油井处理介质，其用途已经得到迅速发展。随着深层含二氧化碳油气田的开发以及在三次采油中回注 CO_2 强化采油工艺的广泛应用，二氧化碳腐蚀问题始终困扰着油气工业的发展。

同样，二氧化碳腐蚀也存在于高温高压的热力设备系统中，而且随着水质纯度越来越高，由二氧化碳带来的腐蚀问题越来越严重。

一、热力设备水汽系统中二氧化碳的来源

1. 碳酸化合物的高温分解

热力设备中碳酸化合物主要来源于锅炉补给水，其次是凝汽器的泄漏，由漏入汽轮机凝结水的冷却水带入，主要是碳酸氢盐。

碳酸化合物进入给水系统后，碳酸氢盐会在除氧器中分解一部分，碳酸盐也会部分水解，放出二氧化碳。

2. 真空漏入二氧化碳

水汽系统中二氧化碳主要是从真空状态时运行的设备不严密处漏入，例如汽轮机低压缸与凝汽器，这会使凝结水中二氧化碳的含量增加。

在凝汽器中会有一部分二氧化碳被凝汽器抽气器抽走，但仍有相当一部分二氧化碳溶入汽机凝结水，使凝结水受二氧化碳污染。

3. 有机物的高温分解

水汽系统中有机物的来源如表 4-2 所示，有机物会在高压高温下产生酸性物质。

表 4-2　水汽系统中有机物的来源

来源	有机物名称	来源	有机物名称
补给水	腐殖酸、污染物、细菌	润滑油系统	润滑油（从油冷却器及其管道进入）
活性炭过滤器	截留的有机物、细菌	燃料油系统	燃料油（从油加热器及喷燃器进入）
离子交换器	树脂碎末、细菌、废弃物	机器液	常为含有氯化物及硫的机物
凝汽器泄漏	胶体物、污染物	防腐剂	油、气相缓蚀剂
水处理药剂	络合剂、聚合物、环乙胺、吗啉、成膜胺等	法兰、盘根等	密封剂
化学清洗	有机酸、缓蚀剂、络合剂		

天然水中有机物在经过补给水处理系统后，大约能除去 80%，仍有一部分有机物会进入给水系统；而由于凝汽器泄漏，冷却水中的有机物质也会直接进入水汽系统。另外，离子交换器运行时，不可避免地会有一些破碎树脂颗粒，随着给水进入锅炉水汽系统。

此外，水中一些细菌和微生物停留在水处理设备中，离子交换器可能成为它繁殖的场所，随它们数量的增加，交换床可能会向通过的水流中放出大量细菌、微生物，造成出水有机物增加。

二、二氧化碳腐蚀的类型、特征及机理

1. 部位

水系统中，CO_2 腐蚀比较严重的部位是汽轮机低压缸与凝结水系统。因为给水中的碳酸化合物在锅炉水中分解，产生的二氧化碳随蒸汽进入汽轮机，随后虽有一部分在凝汽器抽气器中被抽走，但仍有部分溶入凝结水中。

疏水系统也会受到二氧化碳的腐蚀。

2. 二氧化碳腐蚀的类型

（1）全面腐蚀

全面腐蚀也叫均匀腐蚀，是指金属的全部或者大面积均匀地受到破坏，这种破坏形式往往在温度较低、二氧化碳分压较低并且流动状态时容易发生。

（2）局部腐蚀

在温度较高、分压较大时容易发生局部腐蚀。常见的局部腐蚀形式有三种：点蚀、台地侵蚀及流体诱发局部腐蚀。

低碳油套管钢在流动的水介质中容易发生点蚀。研究表明点蚀存在一个温度敏感区间，且与材料的组成有密切的关系，在含有 CO_2 的油气井中的油套管中，点蚀主要出现在 $80\sim90℃$ 的温度区间，这是由气相介质的露点和凝聚条件决定的。

台地侵蚀指在碳钢表面形成大量碳酸亚铁膜而此膜又不是很致密和稳定时极容易造成的

一类破坏。

流体诱发局部腐蚀指钢铁材料在湍流介质条件下发生流动诱使局部腐蚀。在此类腐蚀下，往往在被破坏的金属表面形成沉积物层，但表面很难形成具有保护性的膜。

3. 二氧化碳腐蚀机理

（1）二氧化碳的扩散途径

含少量二氧化碳的水溶液对钢材的侵蚀性比同样 pH 值的完全电离的强酸溶液（如盐酸溶液）的侵蚀性更强，因为氢气从含二氧化碳的水溶液中析出是通过两条途径同时进行的。

一条途径是水中的二氧化碳分子与水分子结合成碳酸分子，它产生的氢离子扩散到金属表面上，得电子还原为氢气放出。

另一条途径是水中二氧化碳分子向金属表面扩散，吸附在金属表面上，在金属表面上与水分子结合形成吸附碳酸分子，直接还原析出氢气，如图 4-6 所示。

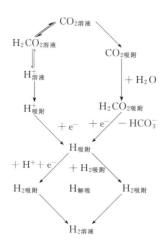

图 4-6　二氧化碳腐蚀的途径

（2）表面无腐蚀产物膜的腐蚀机理

对于界面控制机理的腐蚀动力学，国外进行了广泛的研究。研究表明：在低温（＜30℃）下，二氧化碳水化形成碳酸是速率控制步骤；而在温度较高（＞40℃）时，二氧化碳向金属表面的扩散变为速率控制步骤，在室温下无腐蚀产物膜的碳钢在二氧化碳水溶液中的腐蚀反应中，碳酸直接参与阴极反应，且二氧化碳的水化是控制步骤。

对于阴极反应，溶液中的二氧化碳水化形成碳酸，碳酸分两步电离，溶液中的 pH 值不同，有不同的还原反应：pH＜4 时，由于 H^+ 的浓度较高，H^+ 的还原是主要的还原反应。

（3）金属表面有腐蚀产物膜

一旦金属表面上形成腐蚀产物层，二氧化碳腐蚀过程中的所有动力学关系都发生了变化，主要的速率控制步骤变为穿过固体中间相（碳酸铁和四氧化三铁）的物质或电荷传递过程，影响物质或电荷传递的因素变为影响腐蚀速率的主要因素。

根据试验结果可以得到如下腐蚀机理，即在无氧时 CO_2 水溶液中碳钢的腐蚀速率由阴极反应的析氢动力学控制，并发现 CO_2 水溶液中析氢反应可以依照两种不同的反应历程进行。

二氧化碳水溶液对钢铁的腐蚀是氢损伤，包括氢鼓泡、氢脆、脱碳和氢蚀。

三、二氧化碳的腐蚀影响因素

影响二氧化碳腐蚀的因素归纳起来主要有温度、二氧化碳分压及流速等。

1. 温度

温度对二氧化碳腐蚀的影响较为复杂，在一定的温度范围内，碳钢在二氧化碳水溶液中的溶解速率随温度的增高而增大，当碳钢表面形成致密的腐蚀产物膜后，碳钢的溶解速率随温度的升高而降低。前者加剧腐蚀，后者则有利于保护膜的形成，造成了错综复杂的关系。在温度较低阶段，腐蚀速率随温度升高而增大，在 100℃ 左右时腐蚀速率最大，超过 100℃ 时腐蚀速率下降很快。Ikeda 等人认为温度对碳酸铁膜的形成影响很大。当温度低于 60℃ 时碳酸铁膜不易形成或即使暂时形成也会逐渐溶解，钢表面主要发生均匀腐蚀；当温度在 100℃ 附近时，尽管具备碳酸铁膜的形成条件，但是因钢表面上碳酸铁核的数目较少以及核周围结晶生长慢且不均匀，因此基本上形成一层粗糙的、多孔的、厚的碳酸铁膜，钢表面主要发生孔蚀。在温度高于 150℃ 的情况下，大量的碳酸铁结晶均匀地在金属表面上形成，生成一层致密的、黏着性强的、均质的碳酸铁膜，钢表面基本不被腐蚀。

2. 二氧化碳分压

二氧化碳分压可以反映水中游离二氧化碳的含量。钢铁腐蚀速率随溶解二氧化碳量的增多而增加。二氧化碳分压对碳钢、低合金钢的腐蚀速率有着重要的影响。国外专家对金属表面无腐蚀产物膜时二氧化碳分压对腐蚀速率的影响进行了详细的研究。

碳钢的腐蚀速率随二氧化碳分压的增大而加快，这是因为随着二氧化碳分压的增大，溶解于水中的二氧化碳的量增加，水溶液的 pH 值降低，酸度增加，从而增加了溶液的腐蚀性。而 Videm 和 Dugstad 认为腐蚀速率与 p_{CO_2} 的 0.5～0.8 次幂成正比。当金属表面有腐蚀产物碳酸铁膜存在时，随着二氧化碳分压增加，腐蚀速率下降很快。这是因为 p_{CO_2} 的增加，提高了碳酸铁的沉积速率，金属表面容易形成致密的腐蚀产物膜，因而大大降低了腐蚀速率。

3. 流速

近年来的研究表明，流速的提高并不都带来负面效应，它对腐蚀速率的影响和碳钢的钢级有关。通过对 C90、2Cr、L80 等钢的研究发现，C90 和 2Cr 钢的试验中均发现有一个取决于钢级和腐蚀产物性质的临界流速，高于此流速，腐蚀速率不再变化。对于 L80 钢的研究发现，流速对腐蚀速率的影响与上述钢不同，随流速的提高，点蚀率降低。这和腐蚀产物 Fe_3C 和 Fe_3O_4 的出现有关。高流速影响 Fe^{2+} 溶解动力学和碳酸亚铁的形核，形成一个虽然薄但更具有保护性的薄膜，因而提高流速反而使腐蚀速率降低了。

4. 溶解氧

溶解氧的存在使腐蚀加速。

5. 金属材质

一般来说增加合金元素的含量，可耐二氧化碳腐蚀。

四、二氧化碳腐蚀的防止

经验显示，含铬的不锈钢表现出优良的抗腐蚀性能，随铬含量增大，合金的腐蚀速率降低。一般含铬量达到 12% 时，其耐蚀性已经非常好，但有氯化物存在的情况下，会发生点蚀和间隙腐蚀。镍也能增强钢的耐腐蚀性，但作用并不显著，含 9% 镍的钢用于二氧化碳分压高的环境中，耐腐蚀效果令人满意，但偶尔也发生开裂和点蚀。含锰和含镍的低合金钢的耐腐蚀性相似，锰钢似乎对点蚀更敏感些。

另外，在 175℃ 和高氯化物环境中，蒙乃尔 K-500 合金，也表现出良好的耐腐蚀性能。如果条件限制一定要采用碳钢或低合金钢，则应尽量提高其金相组织的均匀性。

为了防止或减轻水汽系统中游离二氧化碳对热力设备及管道金属材料的腐蚀，除了选用不锈钢来制造某些部件外，应减少进入系统的二氧化碳和碳酸盐量，采取的措施包括以下几种。

① 降低补给水的碱度。

② 尽量减少汽水损失，降低系统的补给水率。

③ 防止凝汽器泄漏，提高凝结水质量。

④ 注意防止空气漏入水汽系统，提高除氧器的效率，减少水中溶解氧含量。

五、给水 pH 值调节

给水的 pH 值调节，就是往给水中加一定量的碱性物质，控制给水的 pH 值在适当范围内，使钢和铜合金的腐蚀速率比较低，以保证给水含铁量和含铜量符合规定的指标。

1. 给水加氨处理

给水加氨处理的实质是用氨来中和给水中的游离二氧化碳，并碱化介质，把给水的 pH 值提高到规定的数值。试验证明 pH 值在 9.5 以上可减缓碳钢的腐蚀，而 pH 值在 8.5～9.5 之间，铜合金的腐蚀较小。因此对于钢铁和铜合金混用的热力系统，为兼顾钢铁和铜合金的防腐蚀要求，一般将给水的 pH 值调节在 8.8～9.3 之间。

氨在常温常压下是一种有刺激性气味的无色气体，极易溶于水，其溶液称为氨水，一般市售氨水密度为 $0.91g/cm^3$，氨含量约 28%，氨在常温下极易液化。液态氨称为液氨，沸点 -33.4℃。氨在高温压下不会分解，易挥发、无毒，所以可以在各种机组类型电厂中使用。

给水中加氨后，水中存在下面的平衡关系：

$$NH_3 \cdot H_2O \longrightarrow NH_4^+ + OH^- \tag{4-18}$$

因而使水呈碱性，可以中和水中游离的二氧化碳，反应如下：

$$NH_3 \cdot H_2O + CO_2 \longrightarrow NH_4HCO_3 \tag{4-19}$$

$$NH_4HCO_3 + NH_3 \cdot H_2O \longrightarrow (NH_4)_2CO_3 + H_2O \tag{4-20}$$

热力设备运行过程中，有液相的蒸发、汽相的凝结以及抽汽等过程。

2. 给水加氨量的确定

在加氨处理时，要考虑氨在水汽系统和水处理系统中的实际损失情况。一般通过加氨量调整试验来确定系统和水处理系统中的实际损失情况，以使给水 pH 值调节到 8.8～9.3 的控制范围内为适宜。

在发电机组上，可能考虑给水加氨处理分两级，对有凝结水净化设备的系统，在凝结水净化装置的出水母管以及除氧器出水管道上分别设置两个加氨点。

3. 加氨处理的不足之处

① 由于氨的分配系数较大，所以氨在水汽系统各部位的分布不均匀。例如，在 90～110℃，氨的分配系数在 10 以上。这样为了在蒸汽凝结时，凝结水中也能满足足够高的 pH 值，就要在给水中加较多的氨。但这也会使凝汽器空冷区蒸汽中的氨含量过高，使空冷区的铜管易受氨腐蚀。

② 氨水的电离平衡受温度的影响较大。如果温度从 25℃升高至 270℃，氨的电离常数则从 1.8×10^{-5}，因此使水中 OH^- 的浓度降低。给水温度较低时，为中和游离 CO_2 和维持的 pH 值所加的氨量，在给水温度升高后就显得不够，不足以维护必要的给水 pH 值，造成高碳钢管腐蚀加剧，给水中 Fe^{2+} 增加。

六、电力设备的全挥发处理

全挥发处理就是往锅内加挥发性的氨和联氨。氨的作用是调节给水和炉水的 pH 值，联氨的作用是除去给水中的溶解氧。

1. pH 值及联氨的控制

挥发处理时，给水 pH 值的控制范围，各国规定的标准不一。不少国家根据锅炉的类型和热力系统设备的状况规定不同的标准，对于汽包炉，当加热器的管材是铜合金时，规定 pH 值为 8.8～9.2；当加热器的管材不是铜合金时规定 pH 值为 9.2～9.4；对于直流炉规定 pH 值为 9.2～9.4。在确定 pH 值的控制范围时，必须考虑既不对热力系统的铜合金产生氨腐蚀，又要尽量降低系统钢铁部件的腐蚀。从防止铜合金部件的氨腐蚀来讲，希望加氨量低一些，pH 值维持低一点。从防止钢的腐蚀讲，希望提高加氨量，以中和进入热力系统的酸。

据文献介绍，对于超临界压力的机组，当汽机凝结水含氯量为 20～40mg/L，CO_2 为

$800\mu g/L$，凝结水 pH 值达到 9.7，低压加热器铜管汽侧和水侧的腐蚀反而大大减缓。还有文献指出，在一定条件下，由于加氨提高 pH 值对黄铜管的保护作用可能超过氨对黄铜的腐蚀作用，所以，把 pH 值提高到 9.3～9.4 是可以的。在控制 pH 值时，要按水汽质量标准执行，同时，继续进行试验研究。挥发处理时，给水联氨需要保持一定的含量，以保证除氧效果。

挥发处理时，给水联氨需要保持一定的含量，以保证除氧效果。我国规定给水联氨含量为 $10～50\mu g/L$，美、日等国规定为 $10～30\mu g/L$，俄罗斯规定为 $30～50\mu g/L$。

2. 给水加药的控制

关于加药的部位，各电厂的做法不完全一样，有的电厂把氨和联氨的混合液加到凝结水升压泵的入口侧，低压凝结水系统就不再设加药点；也有的在低压加热器前的系统中加氨，在除氧器之后加联氨。国外一般倾向于在凝结水升压泵的入口侧加氨和联氨的混合液，并且建议增设加药点，以保证系统的各个部位都维持一定的浓度，使各个部位都得到保护。

通常采用的加联氨的方法为，将工业联氨用喷射器抽至溶液箱中，用除盐水稀释至 0.1% 左右，用加药泵送至给水系统，与加氨系统相同。

加药地点一般设在给水泵入口，通过给水泵的搅动，使药液和给水充分混合，有时为了延缓 N_2H_4 和 O_2 的反应时间，加在除氧水箱中。但这种办法耗药多，并且不易混匀，一般不采用。运行中给水联氨过剩量控制：给水中联氨过剩量一般维持在 $10～30\mu g/L$ 范围内。通过调节溶液箱药液的浓度或调节泵的功率来实现。

联氨是可疑的致癌物质，搬运和使用联氨时，应佩戴橡胶手套和防护眼镜，在有良好的通风和水源的地方操作，操作完毕应认真洗手。联氨有挥发性，有毒，易燃烧，需要密封保存，靠近浓联氨的地方不允许有明火。

3. 挥发处理的优点

(1) 锅炉不会产生浓碱引起的腐蚀

因为是挥发性的，随着炉管温度的升高和炉水的浓缩，氨逐步挥发，随蒸汽带走，所以不会在局部位置浓缩成浓碱。

(2) 不会增加炉水的含盐量

(3) 不会出现盐类隐藏现象

4. 挥发处理的缺点

(1) 炉水 pH 值控制较难

因为氨的挥发性大，不能保证受热面的所有部位都保持所需的 pH 值，如果有微量氯化物漏入凝结水，就有可能使受热面局部位置炉水 pH 值降至 7 以下，出现酸腐蚀。

(2) 易引起铜的腐蚀

挥发处理时，给水和炉水的含氨量较高，蒸汽的含氨量也较高，在凝汽器的空抽区氨浓度过大，会引起该处铜管的氨蚀。

在进行 NH_3 处理时，首先应能保证汽水系统中含 O_2 量非常低，加 NH_3 量不宜过多，

一般维持给水中 NH_3 含量在 $0.4\sim1.0mg/L$，另外，NH_3 是一种强挥发性物质，操作时应注意安全。

七、给水的成膜胺处理

为防止水中二氧化碳和氧对金属管道和设备的腐蚀，另一种可以使用的方法是：向水中添加一类被称为成膜胺的物质。成膜胺是一类加入水中可以在金属材料表面上形成具有保护作用的膜的化学药剂。

1. 有机成膜胺的性质

以前，胺被用作中和剂，抑制蒸汽冷凝器中由 CO_2 引起的腐蚀，用过的胺有环己胺、苯胺、吗啉等。在用作酸洗铁的腐蚀抑制剂时，可以抑制阳极反应，提高 H_2 的过电位，几种主要的有机胺如图 4-7 所示。

乙　　胺　　$C_2H_5NH_2$
二乙胺　　$C_2H_5\text{-}NH\text{-}C_2H_5$
二戊胺　　$C_5H_{11}\text{-}NH\text{-}C_5H_{11}$

β-苯胺　　　　喹啉　　　　苯基萘胺

图 4-7　几种主要的有机胺

美国也曾对一些商用有机胺进行研究，发现这些胺会给体系带来十分有效的效果，大大增进了缓蚀性能，并且可以使体系的 pH 值升高 2.84 到 4.24 个单位，但不至于出现游离 OH^-；另外，有人通过使用失重法和恒电流极化测试方法，发现胺对 HNO_3 溶液中的铜腐蚀也有抑制作用，说明有机胺在实际使用中有很大前景。

2. 有机成膜胺的缓蚀机制

在热力系统中使用的这类成膜胺是直链的高碳原子数量的烷胺。它们一般含碳原子数目在 $10\sim20$ 之间，其中用得较多的是十六碳烷胺 $C_{16}H_{33}NH_2$、十八碳烷胺 $C_{18}H_{37}NH_2$ 以及乙氧基大豆胺 $C_{18}H_{35}N(C_2H_4OH)_2$。

有机成膜胺具有一端有亲水基团、另一端有疏水基团的大分子结构。在水中，胺分子亲水端附着在金属表面上，而疏水端则伸向水中，并排斥水分子。这样在金属表面与腐蚀介质之间形成一层单分子层厚的屏障，对金属起保护作用。由于这层膜将水和金属隔离，从而防止水中 CO_2 和 O_2 对金属的腐蚀。成膜胺具有较强的渗透性，它能从金属表面上的腐蚀产物层渗透而抵达金属表面，并形成保护膜。同时，使金属腐蚀产物层逐渐脱落，被水流带走。所以，成膜胺可以用于已受腐蚀的金属管道中阻止管道继续腐蚀。

根据研究表明，胺属于吸附型缓蚀剂，它作用于金属表面，形成一层致密的膜，达到保护金属的目的。关于吸附作用，有两种来源：一个是基于静电引力和范德瓦尔斯力的物理吸附；另一个是基于金属与极性基的化学吸附。

长链胺本身在水中溶解度较小，所以在实践上都用其盐类。这时，使之成盐的酸的成分对防蚀效果有着显著的影响。例如 J. PBarret（Corrosion.2.217.1955）指出：酸分子量越大防蚀效果越好，而且在任何情况下，氧化烷烃都有防蚀效果，如表 4-3 所示。

表 4-3　有机酸成分分析表

胺名称	有机酸成分	防蚀率/%
十八烷胺	氧化烷烃	99
	蓖麻子脂肪酸	63
	月桂酸	90
	羊蜡酸	79
	醋酸	63
十二烷胺	氧化烷烃	87
	月桂酸	85
十烷胺	氧化烷烃	95

Sievert 和 Kuhn 在 1937 年进行了详细的论述，他认为：有机胺类在酸性溶液中对铁的防蚀有很好的效果，这是因为胺基中的氮带有正电荷，因而被静电吸引到阴极，并覆于其上，抑制 H^+ 放电。胺类物质中，有的氮原子具有非共价电子对（在酸性溶液中结合的），在酸性溶液中，它和氢离子配位，形成带正电荷的离子，受到静电作用吸引到局部阴极，从而达到物理吸附。

至于化学吸附，Hackerman 认为，由于有机胺分子含有 O、N、S 等具有共价电子对的元素，它们都是电子供给体，与金属配位结合，形成牢固的化学吸附层。总之，缓蚀剂分子成为电子供给体，金属成为电子接受体，缓蚀剂和金属表面之间构成配位共价键。在不同的场合下，吸附的发生既可以依靠像存在于分子之间的那种物理力，也可以依靠像存在于分子内各原子之间的化学力。在前一种情况下，分子可以在不同的点上不断地吸附或脱附；但在后一种情况下，生成的配位共价化合物多半将永远吸附。这一区别也许有着实际应用上的重要性，因为腐蚀的主要场所一般是在那些未被遮盖处，发生化学吸附就会形成永久的表面膜，另外化学吸附可以消耗掉易受腐蚀的金属表面原子的化学活性，所以，在其它条件都相同的情况下，化学吸附比物理吸附的效果会好得多。

有些情况下，两种吸附都会发生。Hackerman 与 Cook 的实验结果可以证明这一点。实验是这样进行的：先用某种脂肪胺、酸或脂的苯溶液洗铁粉，然后再用纯的溶液洗涤；此时可以发现，有一部分吸附在其上面的可以洗下来，但另一部分却留在上面，再测定这样得到的铁粉的反应能力（以铁粉放到 4mol/L 盐酸中产生的氢气量来衡量）。结果发现，随着吸附在铁粉上的物质增加，反应能力逐渐下降，这就证明了吸附的效能。这两位专家认为：由于酸和胺类的吸附发生在不同的地点，因此就会有这种现象：当用两种药剂处理铁粉时产生的效果，要比单用一种药剂处理时产生的效果要强烈。

3. 有机成膜胺处理的实施

有机成膜胺在较高温度下会发生热分解，因此一般不直接加入锅炉内部，而是加在中、低压蒸汽管道或凝结水管道和生产回水管道中，用以保护这些部位的设备和管道。

由于有机成膜胺价格较贵，有一定的毒性，其成膜保护效果受很多因素的影响，如水的温度、pH 值、水中油类物质的存在等，在运行中也难以保证做到需要保护的金属表面都能够有效地被保护膜覆盖，因而其使用有一定的限制。

另外，有机成膜胺一般在常温时是蜡状固体，在水中溶解度很小，因而通常先配成乳浊溶液，再用专门的加药泵注入管道。胺的用量与水汽系统中的二氧化碳和氧的含量并没有直接的关系，只是用量要能满足在金属表面生成完整的连续的保护膜。否则，将会在没有保护膜的金属表面产生局部腐蚀，一般有机成膜胺的用量在 $0.05 \sim 5.50 \text{mg/L}$ 的范围内。

八、汽轮机的酸腐蚀

汽轮机的酸腐蚀主要发生在汽轮机内部湿蒸汽区的铸铁、铸钢部件上，如低压级的隔板，隔板套，低压缸入口分流装置，排汽室等部件的铸铁、铸钢部件上，而这些部件上的合金钢零件上却没有腐蚀，如图 4-8 所示。

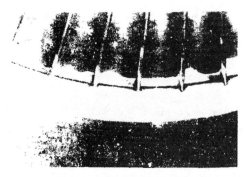

图 4-8　汽轮机酸腐蚀特征

1. 汽轮机酸腐蚀特征

酸腐蚀的特征是，部件表面受腐蚀处保护膜脱落，金属呈银灰色，其表面类似钢铁经酸洗后的状态。有的隔板导叶根部已部分露出，隔板轮缘外侧受腐蚀处形成小沟。有的部位的腐蚀槽具有方向性，和蒸汽的流向一致，腐蚀后的钢材呈蜂窝状。汽轮机酸腐蚀的特征见图 4-8。

2. 汽轮机酸腐蚀的原因

汽轮机酸腐蚀的原因是水、汽质量不良，在用作补给水的除盐水中含有酸性物质或会分解成酸性物质，如氯化物或有机酸等。氯化物在炉水中，可与水中的氨形成氯化铵，溶解携带于蒸汽中，并在汽轮机液膜中分解为盐酸和氨，由于二者分配系数的差异，使液膜呈酸性。水汽中的有机酸也是引起汽轮机腐蚀的一个因素。

3. 汽轮机酸腐蚀的防护原则

① 提高锅炉补给水质量，要求采用二级除盐，补给水电导率应小于 $0.2 \mu \text{S/cm}$；

② 给水采用分配系数较小的有机胺以及联胺进行处理，以提高汽轮机液膜的 pH 值。

另外，有机成膜胺一般在常温时是蜡状固体，在水中溶解度很小，因而通常先配成乳浊溶液，再用专门设备打入系统。

九、金属表面成膜效果的鉴定方法

1. 定量分析方法

在实验的初期阶段，失重法是主要的测定缓蚀效果的方法，这种方法最经典，同时也最可靠。根据计算出来的年腐蚀深度可以判断缓蚀剂的等级，表 4-4 是常用的耐蚀等级评定表。

表 4-4　常用的耐蚀等级评定表

腐蚀深度 D	耐蚀等级	耐蚀性评定
<0.1	1	耐蚀
0.1~1.0	2	一般可用
>1.0	3	不耐蚀

2. 加速腐蚀分析法

在 1L 的广口瓶中，加 20mL 的除盐水，在温度恒定为 40℃ 的条件下将试片在其中悬吊 24h（这时的实验条件相当于正常条件下一个月的腐蚀程度）。在悬吊过程中观察试片的变化，主要记录两个指标，一个是出现第一腐蚀点的时间，另一个是大面积腐蚀的时间。

3. 水滴实验分析法

这是一种适用于成膜胺缓蚀剂的鉴定分析方法，因为有机胺系列物质具有表面活性，对水滴有不浸润性，所以在鉴定成膜效果好的试片时，滴在其上面的水滴会成球形，有时甚至迅速滚动。这说明缓蚀剂在成膜于金属试片后改变了试片表面的润湿性能。

接触角是自液/固界面经过液体到气/液界面之间的夹角。如图 4-9 所示，σ_{sg}、σ_{sl}、σ_{lg} 分别表示气/固表面张力、液/固表面张力、气/液表面张力。

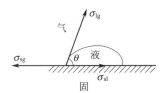

图 4-9　接触角示意

一般来说，若 $\theta > 90°$，表明液滴对金属表面不润湿，$\theta = 0°$ 时表示完全润湿而呈铺展状态。当缓蚀剂在金属表面成膜后，如果增强金属表面的憎水性能，说明该缓蚀剂具有表面活性剂的性质。

4. 酸性硫酸铜溶液分析法

酸性硫酸铜溶液是一种腐蚀性比较强的溶液，对于试片上的膜层有很强的腐蚀性，这是一种加速腐蚀实验，比较适用于鉴定试片表面上膜的耐蚀效果。

酸性硫酸铜溶液是这样配制成的：0.4mol/L 的硫酸铜溶液取 40mL，10％的氯化钠溶液取 20mL，0.1mol/L 的盐酸溶液取 15mL，摇匀混合后即可作为实验液。将该溶液滴在试验后的成膜试片上，观察蓝色的液滴逐渐变红的时间，时间越长，说明耐蚀性越好，成膜效果也就越好。

5. 湿热箱观察分析法

湿热箱是一种专门制作的用于加速腐蚀试片以确定其耐蚀性的工具，实验中要保持箱内湿度为 95％±2％；并且先在 40℃±2℃ 的条件下维持 16h，然后在 30℃±2℃ 的条件下维持 8h。

在这种条件下悬挂 24h，约相当于亚热带大气中存放一个月的时间。在试验过程中，注意观察试片的变化情况，特别是出现第一腐蚀点的时间。

第四节 生物质锅炉的高温烟气腐蚀

一、生物质锅炉及其高温腐蚀

1. 生物质锅炉

生物质锅炉是锅炉的一个种类，以生物质能源作为燃料的锅炉叫生物质锅炉，分为生物质蒸汽锅炉、生物质热水锅炉、生物质热风炉、生物质导热油炉、立式生物质锅炉、卧式生物质锅炉、生物质燃气导热油炉。

2. 生物质锅炉的材料

生物质锅炉过热器和管道是其主要的腐蚀部位，而这些部位的材料主要包括 T91、15CrMoG、12Cr1MoVG、20G、TP347 等材料。

由于所处位置的温度最高，导致生物质锅炉过热器是发生高温烟气腐蚀的最严重区域。

3. 生物质锅炉的烟气腐蚀

金属材料在高温下与环境气氛中的氧、硫、碳、氮等元素发生化学或电化学反应而导致材料变质或破坏，高温腐蚀并无严格的温度界限。通常认为：当金属工作温度达到其熔点（绝对温标温度）的 0.3～0.4 倍以上时，可认为是高温腐蚀环境。

生物质锅炉在运行时，由于烟气中存在大量的氯、硫元素，会发生氯化物型腐蚀、硫酸盐型腐蚀、硫化物型腐蚀，致使生物质锅炉的管壁出现大量沉积，管壁腐蚀导致厚度变薄。

4. 生物质锅炉高温腐蚀的发生原因

由于生物质中碱金属（K、Na）含量较高，草质类生物质燃料中的氯元素含量也较高，在生物质燃烧过程中，大量的氯、硫元素与燃料中的碱金属元素（主要是 K 和 Na）进入烟气中，通过均相反应形成微米级颗粒的碱金属氯化物（KCl 和 NaCl），凝结和沉积在温度较低的高温过热器管壁上。碱金属氯化物与烟气中的二氧化硫发生反应生成氯气。

二、过热器氯化物型高温腐蚀的机理

1. 碱金属氯化物的生成

在生物质燃烧过程中，大量的氯、硫元素与燃料中的碱金属元素（如：主要是 K 和 Na）进入烟气中，通过均相反应形成微米级颗粒的碱金属氯化物（KCl 和 NaCl），凝结和沉积在温度较低的高温过热器管壁上。

2. 碱金属氯化物与二氧化硫反应

凝结和沉积在管子外表面的碱金属氯化物（氯化钠和氯化钾）将与烟气中的二氧化硫发生反应，通过式(4-21) 和式(4-22) 生成氯气。

$$2NaCl + SO_2 + O_2 \longrightarrow Na_2SO_4 + Cl_2 \qquad (4-21)$$

$$2KCl + SO_2 + O_2 \longrightarrow K_2SO_4 + Cl_2 \qquad (4-22)$$

3. 氯气扩散，与铁反应生成氯化铁

碱金属氯化物与二氧化硫反应中会产生氯气的过程发生在积灰层，在靠近金属表面会聚集浓度非常高的氯气，其浓度远高于烟气中的氯气。由于部分氯气是游离态，能够穿过多孔状垢层进行扩散，通过式(4-23) 与铁反应生成氯化铁。

因管壁金属与腐蚀垢层的分界面上的氧气分压力几乎为零，即在还原性气氛下，氯气能够与金属反应生成氯化铁，且氯化铁是稳定的。

$$Fe + Cl_2 \longrightarrow FeCl_2 \qquad (4-23)$$

4. 氯化铁氧化生成氯气

由于氯化铁熔点约为 280℃，所以在管壁温度高于 300℃时，氯化铁发生汽化，并通过垢层向烟气方向扩散。由于氧气分压较高，即在氧化性气氛条件下，氯化铁将与氧气发生反应，生成氧化铁和氯气。

氯气为游离态，能够（扩散到金属与腐蚀层的交界面上）与金属再次发生反应。

$$3FeCl_2 + 2O_2 \longrightarrow Fe_3O_4 + 3Cl_2 \qquad (4-24)$$

$$2FeCl_2 + 1.5O_2 \longrightarrow Fe_2O_3 + 2Cl_2 \qquad (4-25)$$

$$FeCl_2 + O_2 + Fe_3O_4 \longrightarrow 2Fe_2O_3 + Cl_2 \qquad (4-26)$$

在整个腐蚀过程中，氯元素起到了催化剂的作用，将铁元素从金属管壁上置换出来，最终导致严重的腐蚀。此外，以上仅以铁（Fe）元素为例进行了说明，合金钢中的铬（Cr）元素的化学反应机理与铁（Fe）元素相同。

5. 氯化物型腐蚀的特征

氯化物型腐蚀具有典型的温度区间。通过分析多台高温高压生物质水冷振动炉排锅炉高温过热器实际腐蚀发生和发展情况，发现当蒸汽温度控制在 490℃ 以下运行时，高温过热器

腐蚀速率较慢；一旦蒸汽温度高于 550℃ 时，腐蚀速率加快，实际测量的腐蚀速率高达 1.5～2.0mm/a。

同时，现场发现处于高温过热器后段蒸汽流程（温度较高）的管子腐蚀问题较前段蒸汽流程（温度较低）的腐蚀问题严重，而且同处于一个烟温区的水冷壁管子未发现腐蚀。即当过热器的蒸汽温度小于 450℃ 时，管壁腐蚀基本可以忽略；当蒸汽温度在 490～520℃ 时，管壁腐蚀速率加快；当蒸汽温度大于 520℃ 时，管壁腐蚀速率将急剧加快。

现场监测表明，高温过热器管壁温度与蒸汽温度大致相差 50～100℃。也就是说，当高温过热器管壁温度大于 620℃ 时，腐蚀速率加剧。对比所做的碱金属氯化物的熔融试验，高温过热器腐蚀的典型温度腐蚀区间与碱金属氯化物的熔融温度区间相吻合，熔融态的碱金属氯化物对高温过热器腐蚀发生和发展起了决定性作用。

6. 氯元素起到的作用

氯化物型腐蚀具有普遍存在性和持续性。通过对腐蚀机理研究发现，在整个腐蚀过程中，氯元素起到了催化剂的作用，将铁或铬元素从金属管壁上持续不断地置换出来，造成了管壁腐蚀。

所以，只要入炉燃料中含有碱金属和氯元素，且当管壁温度达到腐蚀温度区间时，必然发生腐蚀。碱金属和氯元素含量多少只会影响腐蚀速率。同时，腐蚀一旦发生，则将持续进行，不会停止。

三、水冷壁管高温硫化物腐蚀的机理

1. 燃料中的 FeS_2 的受热分解

生物质锅炉腐蚀的管子表面有硫化铁（FeS_2）和磁性氧化铁（Fe_3O_4），硫化物对水冷壁管外侧的腐蚀主要发生在火焰冲刷管壁的情况下。这时，燃料中的 FeS_2 粘在管壁上受灼热而分解，即：

$$FeS_2 \longrightarrow FeS + S \qquad (4\text{-}27)$$

合金在氧化、硫化气氛中，对于给定的环境分压，存在一个临界氧分压值，大于此值才会在合金表面生成连续的具有氧化性的保护膜，或者对于一个给定的氧分压，硫含量必须低于一个临界值，合金表面才会有保护膜生成。

2. 硫化铁的生成

由于锅炉结构参数、运行状况、煤种等因素，在水冷壁周围形成还原性气氛，致使保护性氧化膜无法生成或不稳定。此时钢的主要腐蚀反应为：分解出来的 S 与管壁金属作用，又生成 FeS，

$$Fe + S \longrightarrow FeS \qquad (4\text{-}28)$$

3. 硫化铁的进一步氧化

FeS 氧化生成 Fe_3O_4，即：

$$3FeS + 5O_2 \longrightarrow Fe_3O_4 + 3SO_2 \qquad (4\text{-}29)$$

因而管壁金属被腐蚀而生成氧化铁。这个过程中还生成二氧化硫（SO_2）或三氧化硫

（SO_3），而它们与碱性金属氧化物作用生成硫酸盐。因此，硫化物型腐蚀和硫酸盐型腐蚀常会同时发生。

四、水冷壁管高温硫酸盐腐蚀的机理

1. 水冷壁管表面氧化铁的生成

锅炉燃烧过程中，燃料中大部分硫都氧化成 SO_2，其中大约有 $0.5\% \sim 5\%$ 氧化成 SO_3，SO_2、SO_3 在高温状态下均呈气态。SO_3 易于和水结合产生对受热面有腐蚀作用的 H_2SO_4。

典型燃煤锅炉中的二氧化硫含量为 0.25%，在无自由氧的情况下，腐蚀最轻微，SO_2 和 O_2 同时存在对腐蚀影响很大，含氧量越高，合金腐蚀越严重。

其腐蚀过程为：水冷壁管的温度在 $310 \sim 420℃$，其表面有氧化铁 Fe_2O_3，即：

$$2Fe + O_2 \longrightarrow 2FeO \tag{4-30}$$

$$4FeO + O_2 \longrightarrow 2Fe_2O_3 \tag{4-31}$$

或：

$$4Fe + 3O_2 \longrightarrow 2Fe_2O_3 \tag{4-32}$$

2. 碱金属氧化物与 SO_3 的化合过程

燃料灰分中碱金属氧化物 Na_2O 和 K_2O 在燃烧时升华，升华主要靠扩散作用到达管壁并冷凝在管壁上。这些冷凝在管壁上的碱金属氧化物与烟气中的 SO_3 化合生成硫酸盐，即：

$$M_2O + SO_3 \longrightarrow M_2SO_4 \tag{4-33}$$

3. 硫酸盐对管壁的破坏作用

M_2SO_4 有黏性，可捕捉飞灰，形成结渣，外层的温度升高，成为流渣。此时，烟气中的 SO_3 能穿过灰渣层与 M_2SO_4 及 Fe_2O_3 生成复合硫酸盐。

管子表面原有的 Fe_2O_3 被消耗掉之后，又会生成新的 Fe_2O_3 层。这样，便形成了管壁金属的不断腐蚀。如果渣层脱落，则暴露到表面的复合硫酸盐受高温，又分解为氧化硫、碱金属硫酸盐和氧化铁。上述过程重复进行，因而加剧了腐蚀过程。如果结积层中有焦性硫酸盐 M_2SO_4 存在，则由于在管壁温度范围内，焦性硫酸盐呈液态，因而将产生更强烈的腐蚀。

五、高温烟气腐蚀的防护方法

1. 三级过热器温度的控制优化

控制过热器温度是控制腐蚀速率的有效措施。机组运行时，若上料系统不稳定，出现堵料现象，负荷难以调整；生物质混合燃料，掺配不均匀，就会造成入炉燃料热值不稳定，使得过热器超温现象时有发生，最高达到 $600℃$，超温现象是腐蚀发生的主要原因。对上料系统进行完善，以及提高过热器温度控制精准度，使过热器超温情况减少。同时，增加三级过热器温度报警，并将三级过热器温度列入小指标考核，严格控制超温时间，能够有效地防护腐蚀。

2. 吹灰汽源改造

蒸汽吹灰是三级过热器减薄乃至爆管的原因之一，吹灰汽源蒸汽水量大、压力过高以及吹灰频次过高是对过热器造成影响的主要因素。

① 吹灰汽源设计取自汽包的饱和蒸汽，经过减压分配到吹灰分汽缸。对应分汽缸压力（1MPa）下的蒸汽饱和温度约180℃，不易将疏水排放干净，导致蒸汽含水量较大。而三级过热器管壁温度较高，在500～600℃，使三级过热器管产生典型热疲劳特征，水的动能很大，所以蒸汽带水使受热面管子的吹损速率非常快。

② 来自于汽包的饱和蒸汽，虽然经过减压阀降低了压力，但是吹灰压力仍难以控制。汽包压力9.5MPa需要降低到1MPa，如果控制不当，极易导致吹灰压力过高，对受热面管壁的吹损程度更加严重。

③ 调整吹灰频率

每个班次（8h）对锅炉各受热面循环吹灰1次，虽然控制了锅炉受热面结焦、积灰，但也易导致受热面吹损。

针对上述几点，对吹灰汽源进行了改造。采用供热母管过热器蒸汽（0.85MPa，280℃）代替原来汽包减压后的饱和蒸汽；降低吹灰蒸汽温度与三级过热器管壁的温差。

另外，保证蒸汽的过热度，过热器蒸汽带水情况明显改善；调整吹灰频率，由原来每班吹灰1次调整为每天吹灰1次。这样就能减少对过热器的影响，使得过热器抗腐蚀的能力更强。

3. 在过热器管壁外喷涂防腐层

（1）热喷涂技术及其作用

自1908年瑞士Schoop博士首创热喷涂技术以来，热喷涂技术已有近百年的历史。所谓热喷涂，就是利用一种热源如电弧、离子弧或燃烧的火焰等将粉末状或丝状的金属或非金属喷涂材料加热熔融或软化、并用热源自身的动力或外加高速气流雾化，使喷涂材料的熔滴以一定的速率喷向经过预处理的基体（零件）表面，依靠喷涂材料的化学变化和物理变化，与基体（零件）形成结合层的工艺方法。

热喷涂技术作为一种表面防腐和表面强化工艺，由于其较大的性能优势和成本优势，非常适用于生物质锅炉管道的表面防腐，选用何种喷涂技术和涂层材料是其中的关键。

（2）生物质锅炉管道防高温腐蚀涂层

采用在过热器管壁外喷防腐层进行防腐，研究表明可设计制造适用于生物质锅炉管道防高温腐蚀的NiCrTiFe粉芯丝材。采用超音速电弧喷涂工艺制备Ni、Cr、Ti含量分别为45%、50%、5%的NC涂层，对过热器管壁外侧实施喷涂。

（3）防高温腐蚀NC涂层的特点

通过对涂层的组织结构、显微硬度、结合强度、内聚强度、抗热震性、抗高温氧化性和抗高温腐蚀性进行试验研究，并通过XRD、SEM、EDS等方法对试验结果进行分析与探讨，可以达到如下的效果。

涂层呈典型的层状组织结构，组织致密，也存在少量的孔隙和氧化物。涂层以白色固溶体相（Fe-Cr-Ni）为基体相，并含有一定量的灰色氧化物相（Fe 与 Cr 的复合氧化物、少量的 Fe_2O_3）和少量的孔隙。NC 系列涂层显微硬度值都明显高于 20G 和 304，结合强度值为 19.927MPa；内聚强度值为 192.080MPa；涂层抗热震性能较好，可高达 19 次。

NC 系列涂层的氧化动力学曲线均呈抛物线规律，在高温氧化的开始阶段，喷涂层的增重比较明显，随着氧化时间延长，增重趋缓；NC 系列涂层表现出优良的抗高温氧化性能，经 100h 氧化试验证实：NC 涂层的抗高温氧化性能比锅炉管道用钢 20G 分别提高 16 倍；高温氧化后的表面相组成主要有 γ-Fe、Fe 和 Cr 的复合氧化物以及 Fe_2O_3；涂层表面氧化物形态主要有：平行于表面生长的连续块状、垂直于表面生长的片状和凸出表面的菜花状，其中连续块状氧化物 Ni 含量最高，片状次之，菜花状最低，而 O 含量规律正好相反。

涂层的腐蚀动力学曲线也呈抛物线规律，经 90h 腐蚀试验证实：NC 涂层的抗高温腐蚀性能比 20G 提高 9.4 倍；高温腐蚀后的涂层表面相结构主要由 $Fe+2Cr_2O_4$、NiO、Fe_2O_3、Na_2SO_4、K_2SO_4 组成；富 Cr 的 NC 涂层生成完整致密复合氧化物膜，抗腐蚀效果好。

第五节　核电不锈钢的晶间腐蚀与防护

一、核电领域的不锈钢材料

1. 核电站使用的不锈钢材料

不锈钢在核电站应用较为广泛，主要涉及包壳材料、管道、阀门、隔板等结构件。

奥氏体不锈钢由于耐蚀性、焊接性、抗辐照性较好，是反应堆中最常用的不锈钢材料，钢种与常规牌号基本相同，主要为 304、316、321、347、310 等。与其它领域用不锈钢相比，除要求耐蚀性、耐温性外，由于工况条件更为恶劣，安全等级高，对于材料组织、焊接性能及成分均有较严格要求，进而对不锈钢生产用原料也要严格控制，这是核电用不锈钢技术难点之一。

2. 核燃料相关领域的不锈钢材料

除核电站用不锈钢材料外，核燃料开采、运输、核废料储存及处理等领域也涉及不锈钢材料的使用，总体看核能用不锈钢材料由于核能的发展，在该领域需求将有增加。且随着不锈钢产业自身技术的发展和产品性能的改善，不锈钢在核电站应用范围有所扩大，部分高合金材料有被不锈钢材料替代的可能。

3. 不锈钢晶间腐蚀的特点

不锈钢在特定环境中会发生晶间腐蚀，破坏晶粒间的结合力，使钢的强度、塑性和韧性急剧降低。

不锈钢材料如遇到外力作用，轻者稍经弯曲会产生裂纹，重者敲击即可碎成粉末，在应用上有极大的危险性。

二、晶间腐蚀

1. 晶间腐蚀的概念

晶间腐蚀是一种发生在金属材料晶粒之间的腐蚀形式。奥氏体不锈钢一旦产生了晶间腐蚀，在应力的作用下，这种腐蚀会逐渐向内部扩展，从而破坏奥氏体不锈钢的内部结构，影响其使用性能。晶间腐蚀一般情况下在热影响区以及焊缝或者熔合线上产生，由焊接导致的晶间腐蚀又叫焊缝腐蚀，而在熔合线上产生的晶间腐蚀又叫刀线腐蚀。

2. 晶间腐蚀的现象

奥氏体不锈钢焊接结构的母材、焊缝、熔合线、热影响区或经过 $450\sim850℃$ 温度区间的奥氏体不锈钢部件，在硫酸、硝酸、氢氟酸等腐蚀介质作用下，发生这些部位的破损或失效，丧失设备的设计功能。产生晶间腐蚀的结构件，其外形和尺寸有时几乎没有变化，且无任何塑性变形，除受腐蚀的区域外，其它部位没有任何腐蚀现象发生，依然具有明亮的金属光泽。局部抽样检查中发现，受腐蚀部位的强度、塑性和韧性已严重丧失，弯曲时不仅出现开裂，严重时甚至出现脆断，在撞击试样表面时，无清脆的金属声音。在金相显微镜和扫描电镜下观察，可以明显看到不锈钢的晶界由于受腐蚀而变宽，多呈网状，严重时还有晶粒脱落现象，这就是典型的不锈钢晶间腐蚀现象。由于表面几乎看不出任何变化，但材料的性能已经急剧下降，轻轻敲击即可粉碎，所以晶间腐蚀是一种危险性极大的腐蚀破坏。

三、奥氏体不锈钢晶间腐蚀的机理

关于奥氏体不锈钢晶间腐蚀机理，人们开展了大量的研究。研究结果中，有代表性、被广泛接受的是贫铬理论模型，图4-10给出了碳化铬析出导致贫铬的示意图。

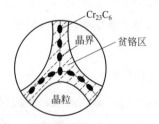

图 4-10　碳化铬析出导致贫铬示意图

奥氏体不锈钢具有耐腐蚀能力的必要条件是铬的质量分数必须大于 12%。当温度升高，特别是在 450～850℃时，碳在不锈钢晶粒内部的扩散速率大于铬的扩散速率；室温时，碳在奥氏体中的熔解度很小，约为 0.02%～0.03%，一般奥氏体不锈钢中的碳含量均超过此值。

所以，溶解不了的碳就不断地向奥氏体晶粒边界（晶界是结晶学取向不同的晶粒间紊乱错合的界域，它们是钢中各种溶质元素偏析或金属化合物沉淀析出的有利区域）扩散，并和铬成分化合，在晶间形成碳和铬的化合物，如 Cr23C6 等，发生敏化。

由于铬在奥氏体不锈钢晶粒内部的扩散速率小于碳的扩散速率，晶内的铬来不及向晶界扩散，所以在晶界所形成的碳化铬所需的铬主要不是来自奥氏体晶粒内部，而是来自晶界附近，结果就使晶界附近的含铬量大为减少，当晶界附近的铬的质量分数低到小于 12% 时，就形成相对的"贫铬区"，"贫铬区"电位下降，而晶粒本身仍维持高电位，晶粒与"贫铬区"之间存在着一定的电位差，而在腐蚀介质中晶界的溶解速率和晶粒本身的溶解速率是不同的，晶界的溶解速率远大于晶粒本身的溶解速率，"贫铬区"作为阳极与晶粒构成大阴极小阳极的微电池，造成"贫铬区"的选择性局部腐蚀，也就是晶间腐蚀。

四、奥氏体不锈钢晶间腐蚀的影响因素

1. 加热温度和加热时间的影响

在影响奥氏体不锈钢焊缝晶间腐蚀的众多因素中，加热的温度和加热的时间是其中的重要影响因素。一般情况下，对于奥氏体来说，其产生晶间腐蚀的温度范围大概在 450～850℃ 之间。这主要是由于在温度低于 450℃ 的时候，不会产生 Gr23C6；而当温度高于 850℃ 时，会使得 Cr 元素的扩散速率加快，不会出现"贫铬区"。而在对奥氏体不锈钢进行焊接的过程中，焊缝的两侧区域是处于 450～850℃ 温度之间的，容易引发晶间腐蚀现象。即使在焊接的过程中有冷却处理工艺，但是其仍然会穿过 450～850℃ 温度区域，所以会产生晶间腐蚀。如图 4-11 所示是奥氏体不锈钢加热时间和加热温度对晶间腐蚀的影响。

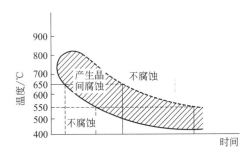

图 4-11　加热温度和加热时间对晶间腐蚀的影响

2. 冷却速率的影响

由于奥氏体不锈钢在焊接过程中，其处于"危险温度区域"的时间越长，焊缝处越容易产生晶间腐蚀。因此，焊接过程中的冷却速率会对晶间腐蚀产生一定的影响，即冷却速率越快，其晶间腐蚀产生的可能性也就越小；冷却速率越慢，其晶间腐蚀产生的可

能性也就越大。

3. 含碳量的影响

C 元素是造成奥氏体不锈钢焊缝晶间腐蚀的主要原因，当含 C 量在 0.08% 以上时，就会导致晶界"贫铬区"出现的可能性增加，从而加大晶间腐蚀的概率。奥氏体不锈钢中根据含 C 量的不同，将其分为三个阶段：含 C 量小于 0.14% 为一般含碳量；含 C 量小于 0.06% 为低碳级；含 C 量小于 0.03% 为超低碳级。

4. 双相组织的影响

在奥氏体不锈钢的金相组织中，如果是单相组织，则其抗腐蚀的性能较差；倘若是在奥氏体组织中加入一定量的铁素体，形成双相组织，就会提高其抗腐蚀性能。双相组织对抗晶间腐蚀的有利作用，如图 4-12 所示。

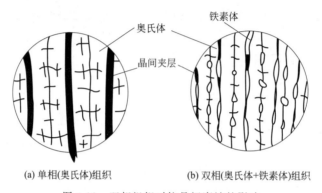

(a) 单相(奥氏体)组织　　　　　　(b) 双相(奥氏体+铁素体)组织

图 4-12　双相组织对抗晶间腐蚀的影响

5. 热处理工艺的影响

通过热处理可以消除贫铬区，稳定金属组织，可有效地减少晶间腐蚀的产生。

五、奥氏体不锈钢晶间腐蚀的防止方法

1. 焊接前的防止方法

根据对奥氏体不锈钢焊缝晶间腐蚀产生的原因进行分析，要想防止晶间腐蚀现象的出现，就需要采取一定的措施降低奥氏体内的含碳量。为此，可以根据双向组织能够提高奥氏体不锈钢的抗腐蚀能力来进行腐蚀防止方法的确定，一方面，可以加入一定量的铁素体形成元素，例如 Ni，在金属焊缝中提高 Ni 元素的含量，可以使得不锈钢内的奥氏体组织更加稳定，弱化马氏体的脆化层，从而提高焊缝金属的力学性能，提高不锈钢的韧性和延展性，防止晶间腐蚀的产生，此外还可以加入一些铬、硅、铝、钼等元素；另一个方面，在焊接之前需要选择含铁素体生成剂比较多的焊接材料。

2. 焊接过程中的防止方法

（1）合理安排焊接的顺序

因为在对不锈钢进行焊接的过程中，大部分采用多层焊和双层焊的方式，这两种方式的焊接中，后一条的焊缝产生的热作用会对前一条焊缝产生影响，造成焊缝加热时间较长、加热温度居高不下。因此，应尽可能地对腐蚀介质与双面焊缝接触的一面进行最后的焊接。在进行焊缝的布局上，应最大限度地降低交叉焊缝的可能性。

（2）减少焊接线的能量

在焊接的过程中，焊接线能量越大，其产生晶间腐蚀的可能性也就越大。为了有效防止这种情况的产生，在进行焊接工艺的选择时，可以采用小电流、高焊速、短弧、多道焊等方法，从而减少焊接线的能量，快速通过敏化温度区的方式来避免产生热影响区晶间腐蚀。

（3）加快冷却速率

由于奥氏体不锈钢含有的 C 含量较低，因此其不容易产生淬硬的问题，这种情况下，在对焊件进行冷却的过程中，就可以采取快速冷却的方法来减少晶间腐蚀的发生概率。比较常见的焊接冷却方法有在焊件下垫用铜垫板或直接浇水冷却等。

3. 焊接后的防止方法

在对奥氏体不锈钢进行焊接之后，为了防止晶间腐蚀现象的产生，需要将奥氏体不锈钢的焊接接头重新加热至 1050～1100℃，重新固熔处理，或者重新加热至 850～900℃，保温 2h，进行均匀化处理，以消除贫铬区。

六、奥氏体不锈钢晶间腐蚀的控制

在不锈钢发生的各种腐蚀中，晶间腐蚀约占 10%，它会使晶粒间的结合力有所下降，在应力的作用下，极易产生裂纹，甚至碎成粉末，并且很隐蔽，从其外形上看不出来。同时它也是诱导其它腐蚀发生的主要原因。奥氏体不锈钢的晶间腐蚀主要是由晶界区贫 Cr 所引起的，而 C 容易和 Cr 形成化合物，使 Cr 含量减少。为此，晶间腐蚀的防止措施如下所述。

1. 化学成分及组织

（1）降低碳的含量，选用超低碳的奥氏体不锈钢

当碳的含量很低时（超低碳），碳在奥氏体中并未饱和，冷却时不存在晶内的碳向奥氏体晶界析出，晶界上的铬也不能生成 $Cr_{23}C_6$，不会造成贫铬区，不出现晶间腐蚀。

（2）加入 Ti、Nb

为防止晶间腐蚀，可向钢中加入 Ti、Nb，因为钛、铌和碳的亲和力比铬和碳的亲和力强，在 850℃反应 2h，即稳定化处理，使之优先形成 TiC、NbC，则不会再形成 $Cr_{23}C_6$，避免了晶间析出铬的碳化物从而造成晶界贫铬，使钢具有高的耐晶间腐蚀性能，一般标准中钛的加入量为含碳量的 5 倍，铌为含碳量的 8 倍。

（3）采用 δ 和 γ 双相钢

双相组织，会大大提高抗晶间腐蚀的能力。一方面，加入铁素体形成元素，如铬、硅、铝、钼等，使焊缝形成双相组织；另一方面，选择含铁素体生成剂比较多的焊接材料。

焊缝中 δ 相的有利作用如下所述。

① 可打乱单一 γ 相柱状晶的方向性，不致形成连续的贫铬区；

② δ相富含铬，有良好的工Cr条件，可减少γ晶粒形成贫铬层。

一般情况下，希望焊缝中存在4%～12%的δ相，过量的δ相存在时，易形成σ脆性相，且不利于高温。在奥氏体中，C的扩散速率慢，但溶解度大；在铁素体中，C的扩散速率快，但溶解度小。在奥氏体晶界，过饱和的C析出，此时，δ相中富含的Cr析出，两者形成铬化物，避免了晶界上出现贫铬区，有效防止晶间腐蚀。

2. 焊接工艺

① 温度在450～850℃这个温度区间，尤其是650℃是最易产生晶间腐蚀的危险温度区（又称敏化温度区）。所以不锈钢焊接时，可采取在焊件下面垫铜板，或直接在焊件背面浇水冷却的方式，使之快速冷却，减少在该温度区间停留的时间，是提高接头耐腐蚀能力的有效措施。

② 焊接线能量的增大，将加速奥氏体不锈钢的腐蚀。在焊接工艺上，可以采用小电流、高焊速、短弧、多道焊等方法，减小焊接线能量。采取低的焊接线能量，快速通过敏化温度区的方式来避免产生热影响区晶间腐蚀。

3. 焊后处理

焊后将奥氏体不锈钢的焊接接头重新加热至1050～1100℃，重新固熔处理，或者重新加热至850～900℃，保温2h，进行均匀化处理，以消除贫铬区。

不锈钢在一定条件下会发生晶间腐蚀，严重影响设备的安全性。在工程的实际应用过程中，往往同时存在两种或两种以上的腐蚀机理，所以不锈钢的选材要充分考虑各类腐蚀的综合影响结果，合理选材。

合理的选材可以有效提高奥氏体不锈钢的抗晶间腐蚀能力，大大延长在腐蚀介质中工作的不锈钢的使用寿命，节约能源和资源，降低成本，提高经济效益。

作业练习

1. 能源电力设备材料有什么特点和要求？

2. 能源电力系统主要使用哪些金属材料？这些材料各有什么特点？

3. 火力发电设备主要包括哪些？火电机组的水汽流程是怎样的？

4. 氧闭塞腐蚀电池的机理是怎样的？

5. 热力设备运行氧腐蚀的影响因素有哪些？作用如何？如何防止运行氧腐蚀？

6. 氧闭塞腐蚀怎样防止？

7. 加热器和凝汽器所用的管材主要有哪些？

8. 化学除氧剂联氨的加药部位在哪个地方？除氧器出口处加联氨为什么不适合？

9. 给水加氧处理方法有什么特点？

10. 给水加氧处理的前提条件是什么？

11. 给水加氧处理的优点有哪些？

12. 全挥发处理的特点是什么？

13. 给水加氨处理的缺点是什么？

14. 具体介绍给水加氨处理的加氨部位是什么？

15. 热力设备水汽系统中二氧化碳的来源是什么？热力设备水汽系统中无机强酸的来源是什么？

16. 热力设备水汽系统中酸性物质的来源有哪些？为何由 CO_2 引起的酸性腐蚀比同 pH 值条件下的强酸腐蚀危害还大？

17. 试比较汽机凝结水与过热蒸汽凝结水的 pH 值，主凝结水与空抽区凝结水 pH 值，并说明原因。氨腐蚀主要发生在何部位？为什么？

18. 什么是给水 pH 值调节，可用的药剂有哪些，各有何优缺点？

19. 汽轮机酸性腐蚀的原因是什么？试描述其形态特征及发生的部位，如何防止？

第五章

石油化工系统的腐蚀及防护

第一节　石油化工系统的金属材料

一、石油化工系统的环境及运行特点

为了适应石油化工工业生产的多种需要，石油化工设备的种类很多，设备的操作条件也比较复杂。就操作压力而言，有真空、常压、低压、中压以及高压和超高压；而操作温度又有低温、常温、中温和高温；所处理的介质大多数具有腐蚀性，且易燃、易爆、有毒等。对于某种具体设备来说，既有温度、压力要求，又有耐腐蚀要求，而且这些要求有时还是互相矛盾的。

这种多样性的操作特点，导致石油化工工业需要用到各种各样的金属材料。这些金属材料大致可分为以下几类。

1. 碳钢

2. 合金钢

（1）低合金钢

（2）不锈钢和耐酸不锈钢

3. 各种其它合金

（1）铜合金

（2）铝合金

（3）铅合金

（4）钛合金

（5）镍合金

二、石油化工系统的常用金属材料

1. 碳钢

低碳钢强度低、塑性好、冷冲压和焊接性能好，在石油化工设备的制造中，其中的20钢常用来制造壳体和接管。中碳钢综合机械性能良好，其中的45钢常用来制造齿轮、传动轴，搅拌轴、连杆等。高碳钢中65钢常用来制造弹簧，70钢、80钢常用来制造钢丝绳等。

2. 低合金钢

低合金钢是在优质碳素钢的基础上加入少量合金元素而成，常见的有16Mn、16MnR、16MnV、09Mn2V、16MnMoNbR。

3. 特殊不锈钢

（1）超马氏体不锈钢

超马氏体不锈钢亦称软马氏体不锈钢，有的也叫做可焊接马氏体不锈钢。

传统的马氏体不锈钢通常是指410、420和431等牌号的不锈钢，含铬量分别为13％和17％左右。由于这类钢缺乏足够的延展性，而且在制造过程中对应力裂纹十分敏感，可焊性差。所以在使用中受到限制，成为不锈钢族中不太受关注的一类材料。

为了克服上述不足，20世纪50年代末，瑞士人引入软马氏体的概念。最初的目的是改善水轮发电机叶轮的焊接性能。通过降低含碳量（最高碳含量为0.07％），增加镍含量（3.5％～4.5％），开发出了一系列新的合金。这类合金抗拉强度高、延展性好，焊接性能也得到了改善。

超马氏体不锈钢不仅具有较好的耐腐蚀性、可焊接性，而且具有强度高和低温时韧性好的特点。典型的力学性能如下：屈服强度为550～850MPa、抗拉强度为780～1000MPa、冲击强度大于50J、延伸率大于12％。超马氏体不锈钢在加工制造过程中又采取了特殊的工艺措施，使得新的超马氏体不锈钢的焊接性能大大超过了传统的马氏体不锈钢。超马氏体不锈钢由于含碳量低，相当于提高了基体金属中含铬量的比例，所以耐腐蚀性好。

超马氏体不锈钢具有传统马氏体不锈钢的特点，可以用于泵、压缩机及阀门等用途外，超马氏体海洋用管已经开发成功，满足了海上石油天然气公司对工艺用无缝管输送管道的要求，成为海洋用钢的新成员。

荷兰的NAM石油天然气公司已经决定对他们位于荷兰北部格罗宁根的天然气田的湿天然气处理设施进行现代化改造，包括对30个球罐进行大修和对所有输送管道进行更换，新选用的材料全部是超马氏体13Cr不锈钢。阿曼的液态天然气工程需要铺设几十公里长的输送管线，也采用超马氏体不锈钢。

（2）铁素体不锈钢

常用的铁素体不锈钢有 1Cr17、1Cr17Ti，这些不锈钢耐蚀性好、塑性高、强度低。所以，铁素体不锈钢常用来制造容器和管道等。

（3）奥氏体不锈钢

奥氏体不锈钢，是指在常温下具有奥氏体组织的不锈钢。钢中含 Cr 约 18%、Ni 8%～25%、C 约 0.1% 时，具有稳定的奥氏体组织。奥氏体铬镍不锈钢包括著名的 18Cr-8Ni 钢和在此基础上增加 Cr、Ni 含量并加入 Mo、Cu、Si、Nb、Ti 等元素发展起来的高 Cr-Ni 系列钢。奥氏体不锈钢无磁性且具有高韧性和塑性，但强度较低，不可能通过相变使之强化，仅能通过冷加工进行强化，如加入 S、Ca、Se、Te 等元素，则具有良好的易切削性。此类钢除耐氧化性酸介质腐蚀外，如果含有 Mo、Cu 等元素还能耐硫酸、磷酸以及甲酸、醋酸、尿素等的腐蚀。此类钢中的含碳量若低于 0.03% 或含 Ti、Ni，就可显著提高其耐晶间腐蚀性能。高硅的奥氏体不锈钢对浓硝酸具有良好的耐蚀性。奥氏体不锈钢由于其优良的耐酸性和抗腐蚀性，常用来制造石油化工设备的管道部分。

4. 铜合金

铜合金具有以下特点。

① 良好的耐蚀性和低温力学性能。

② 纯铜对大气、水、海水、碱类的耐蚀能力好，但不耐各种浓度的硝酸、氨和铵盐溶液的腐蚀。

③ 铜合金力学性能较好，耐蚀能力与纯铜相差不多，且在空气中耐腐蚀能力比纯铜好，价格便宜，所以现在应用较广。

在石油化工系统中，纯铜及黄铜主要用于制造制冷设备，青铜则由于耐磨性和耐腐蚀性好，常用来制造轴承，轴套等。

5. 铝合金

铜合金具有以下的特点。

① 密度大，熔点低，导电性，导热性好。

② 在空气中抗腐蚀能力强，可耐硫酸盐、氨水、多种有机介质的腐蚀。

③ 切削性好，塑性好，可冷成型，但强度低，铸铝合金的铸造性能好。

④ 不会产生火花，可用来制作装易挥发性介质的容器。

在石油化工系统中，铝合金由于具有不沾染物品，不改变物品颜色，导热性好的特点，常用来制作换热容器。

6. 铅合金

铅合金密度大、硬度低、强度小、热导率小，纯铅不耐磨，非常软，但在许多介质中，特别是在硫酸中具有很高的耐蚀性。

7. 钛合金

钛合金密度小、熔点高、加工性能好、强度高、低温韧性好，且钛合金在大气、海水、含氧酸和湿氯气中因其表面极易形成致密的氧化物和氮化物的保护膜,具有优良的抗蚀性。

8. 镍合金

镍合金有很高的强度和塑形,良好的延伸性和可锻性,很好的耐腐蚀性。在石油化工系统中,NCu-28-2.5-1.5 的蒙乃尔耐蚀合金用得较多。蒙乃尔耐蚀合金能在 500℃时保持高的力学性能,能在 750℃以下抗氧化,在非氧化性酸、盐和有机溶剂中具有较高的耐腐蚀性。

三、新型材料及特殊材料

1. 玻璃钢

玻璃钢(Fiberglass Reinforced Plastic,FRP 或 GRP)是一种复合材料。它是以高分子有机树脂为基体,以玻璃纤维或其制品作为增强材料,经过对材料和成品加工工艺的设计,实现玻璃钢成品在强度性能、防腐性能、抗渗透性能等方面达到和满足使用场合的实际要求。玻璃钢的实质是玻璃纤维增强塑料,兼具有结构性和功能性:玻璃钢的强度和钢性与玻璃纤维有关,玻璃钢的耐化学性和韧性与有机树脂有关。作为一种重要的技术复合材料,FRP 具有材料的形状和强度的可设计性,且具有质量轻、强度高、电绝缘、导热慢、耐瞬时高温、耐化学腐蚀、良好的隔音防水性和出众的受压性和透明性等特点。

玻璃钢的密度小,约是 1.4～2.1g/L,是铸铁 6.7～7.0g/L 的 20％～25％,是钢铁 7.8～8.7g/L 的 17％～20％,是铝合金 2.2～2.8g/L 的一半左右。玻璃钢制品的层强度与铁材(特种铁材除外)无明显差异,玻璃钢的质量只有钢材(普通型)的 20％～25％。玻璃钢作为优良的绝热材料,在室温下的导热系数比金属的导热系数小 100～1000 倍;玻璃钢导热慢,能吸收大量热量,同时热传导缓慢,耐瞬间高温。经性能测定可知,玻璃纤维性质在 300℃以下是稳定的。加工玻璃钢制品可以事先根据产品使用场合的具体受力情况,应用环境参数(工作温度、相对湿度、接触的化学物质等),结合玻璃钢原材料性能和成型工艺特点,同时进行材料设计与产品设计。制备玻璃钢是加工材料设计与结构定型同时完成的,这是玻璃钢技术的一大特点。相对于金属类、传统非金属类常规材料的应用都是根据产品要求选择材料,玻璃钢制备具有可设计性、一次成型的便捷性和成本可控性,因而在化工行业得到了广泛的应用。

FRP 的耐化学腐蚀性在管道、储罐类制品中得到广泛的应用。在腐蚀性很强的氯碱生产场所、化工原料液料运送环节、存储容器外界面保温层等使用 FRP 材料与传统的钢材、锌铁皮、铝皮相比有显著的耐蚀防护效果。

化工生产现场的高温、潮湿、强酸性溶液适用环境都适于使用 FRP 材质设施。如选矿、冶炼、电解等生产现场的浸渍、加热、反应环节由于工艺条件多为高温(90℃以上)、强酸溶液(或多元强酸混合溶液),使用的各种规模尺寸的槽及其周围附属操作台、仪表面框等都采用 FRP 材质，有效利用其耐高温、耐腐蚀、不导电等特点。

2. 泡沫金属

泡沫金属是一种内部结构含有许多孔隙的新型功能材料，有的泡沫金属呈骨架结构，有的泡沫金属呈蜂窝状结构，其特性和用途与材料的高孔隙率密切相关，多种金属和合金可用于制备泡沫金属材料，如青铜、镍、钛、铝、不锈钢等。由于泡沫金属的密度小、孔隙率高、比表面积大，从而使其具有非泡沫金属所没有的优异特性，例如阻尼性能好、流体透过性强、声学性能优异、热导率和电导率低等。作为一种新型功能材料，它在电子、通讯、化工、冶金、机械、建筑、交通运输业中，甚至在航空航天技术中有着广泛的用途。

泡沫金属在石油化工系统中的用途主要有以下几种。

（1）流体压力缓冲材料

泡沫金属可装在气体或液体管道中，当其一侧的流体压力或流速发生强烈波动时，泡沫金属材料可以通过吸收流体的部分动能和阻缓流体透过，从而使泡沫金属体另一侧的波动大大减小，此效应可用于保护精密仪表。

（2）阻燃、防爆材料

泡沫金属既有很好的流体穿透性又可有效地阻止火焰的传播且自身有一定的耐火能力，于是可放置在输运可燃性液体或气体的管道中以防止火焰的传播，因为流体在输运速率增加时可能会着火（声速在接近爆炸限时会产生约 $150 \times 10^5 Pa$ 的压力），实验表明，6mm 厚泡沫金属就可阻止碳氢化合物燃烧速率为 210m/s 的火焰，其作用机理可以解释为当火焰中的高温气体或微粒穿过泡沫金属材料时，由于迅速地发生热交换，热量被吸收和散失，致使气体或微粒的温度降到引燃点以下，于是火焰的传播被阻止。

（3）自发汗冷却材料

把固体冷却剂熔化渗入由耐热金属制成的多孔骨架中，在经受高温时这种材料内部的冷却剂会发生熔化和汽化而吸收大量的热能，从而使材料在一定时间内保持冷却剂汽化温度的水平，逸出的液体和气体会在材料表面形成一层液膜或气膜，可把材料与外界高温环境隔离，此过程可一直进行直到冷却剂耗尽为止，由于冷却机理相当于材料本身"发汗"，故有自发汗冷却材料之称。

（4）发散冷却材料

发散冷却是一种先进的冷却技术，它使气态或液态的冷却介质通过多孔材料，在材料表面建立一层连续、稳定的隔热性能良好的气体层，将材料与热流隔开，得到非常理想的冷却效果。

3. 金属爆炸复合材料

爆炸复合是利用炸药爆轰作为能源进行金属间焊接的技术，是材料科学体系的丰富和扩展。爆炸复合是在 1944 年首先提出来的，随后美国的 Philipchuk V 第一次把爆炸焊接技术引入实际工业中，成功实现了铝与钢之间的爆炸焊接。到 20 世纪 60 年代初期，美国、苏联、日本等国也相继开展了爆炸焊接技术和理论的研究，使该项技术日趋成熟。

1968年大连造船厂的陈火金等人成功制备出了国内第一块爆炸复合材料。随着工业的发展，金属爆炸复合材料在宇航军工、石油化工、交通运输、金属防腐、新能源等领域都有了广泛的应用。

金属爆炸复合材料制备的核心是爆炸复合技术。其成形工艺是：将制备好的复板放置在基板之上，然后在复板上铺设一层炸药，利用炸药爆炸时产生的瞬时超高压和超高速冲击，推动复板高速倾斜碰撞基板，使金属产生塑性变形、熔化，实现金属层间的固态冶金结合。有学者认为爆炸复合是一种集扩散焊、压力焊和熔化焊于一身的特殊的复合方法。复合界面为波状结构，形成包括金属塑性变形特征、熔化特征和原子间相互扩散特征的结合区。

爆炸复合使熔点相差大的材料也可能结合，甚至可以结合那些不相容的材料。理论上来说，爆炸复合的异种金属在品种和数量上是不受限制的。

石油化工业中使用爆炸复合板代替直接工作在恶劣环境中的结构钢，能大大提高容器、反应塔、换热器、沉淀槽等的使用年限。

4. 新型耐蚀合金

（1）节能型合金的开发应用

为了研制出少含或不含稀贵金属的合金材料，主要开发研制少含 Cr、Ni 元素的不锈钢。近年来广大学者对 Fe-Al-Mn 体系的研究再次掀起热潮。Mn30Al10 型钢是目前新开发出来的一种具有较好耐蚀性能且具有极高的实用性的材料。含氮双相不锈钢的某些性能已经超过 304 不锈钢的性能，例如近期南非开发出来的高锰双相不锈钢。近期日本研发出 Cr15NiJ·5Mo 型不锈钢能够用于 3000～5000m 的酸性油气井，具有较高的实用价值并且能够替代双相钢。通过利用 Mo、Nb 及 Cu 进行复合能够提高钢的耐蚀性并提高钝化能力，YUS220 耐蚀铁素体钢就是很好的例证。

由于节约型钢种具有较高的经济性并且能够有效节约资源，我国对其的开发研究一直十分重视。目前已经研制出 Fe-Mn-Al-Cr-Si 系钢，这种钢材料不仅具有较高的实用价值同时有较好的耐热及耐海水腐蚀性能。在不断研究下发现通过加入 Cu、Mo 进行锻造的 Cr-Mn-N 钢的耐蚀性能力高于 304 不锈钢的耐蚀性能力，并且含 N 双相钢具有较高的生产能力已经成为长期发展的重点。

（2）高性能合金的开发应用

现代工业不断发展的进程对新材料的大量需求使得高性能合金材料成为新型合金发展的重要方向之一。当前，高合金化是高耐蚀能力材料的主要发展趋势。同时针对工业酸介质的大量需求，已开发出耐化工强腐蚀性的耐磷酸 UB6 合金等新材料。

高氮超级不锈钢是目前奥氏体不锈钢的最新研究成果，其含氮量高达 0.4% 及以上，并且具有耐蚀性高的优点。

5. 非晶态合金的开发应用

非晶态合金材料是由多种金属或金属与类金属组成的多组元合金，又被称作金属玻璃。由于非晶态合金原子的排列长程无序，避免了位错及晶界等缺陷，并且不会受到成分偏析等因素的影响，因此具有较好的耐蚀性且机械强度较高。非晶态耐蚀合金初期以贵金属作为主要组成部分。随着以 Ni、Fe 及 Co 为基体的一些合金材料被不断开发出来，使其更具实用性。研制大块非晶体一直是专家们研究的重要课题。节约型 Fe-Al-Mn 合金将有可能通过快凝技术实现非晶化，使其耐蚀性能够达到部分不锈钢的耐蚀水平。

非晶态合金的研制在 20 世纪 80 年代初期有所突破，例如 Al-Fe-B 非晶态合金就是很好的研究成果。铝基非晶态合金的作为一类价值较高的新型材料，其比强度极高。

6. 锆及锆合金

锆在大多数有机酸（如醋酸、甲酸等）、无机酸（如硫酸、盐酸、硝酸等）、强碱（如 NaOH、KOH 等）以及一些熔盐中具有较其它耐腐蚀金属材料更好的耐腐蚀性能，优于钛和某些特殊钢而接近于钽，同时具备良好的力学性能和传热性能。因此，在石油化工等腐蚀条件苛刻的工业领域得到了广泛的应用。使用锆材做石油化工设备主要是基于其良好的耐蚀性能和力学性能，因而一般采用价格相对低廉的工业级锆材。随着我国化工企业对设备可靠性要求的不断提高，越来越多的企业采用工业级锆材设计、制造化工设备。

近年来，国内外石油化工工业迅速发展，石化装备对工业级锆加工材料的需求量逐年增加，工业级锆加工材料已成为石化工业不可替代的重要设备材料，主要被用作石油化工设备的结构材料，尤其是用于抗腐蚀性能要求高的设备。

第二节　石化炼油系统水冷器防腐蚀新技术

一、石化炼油系统概况

1. 炼油的过程

炼油一般是指石油炼制，是将石油通过蒸馏的方法分离从而生产符合内燃机使用的煤油、汽油、柴油等燃料油，副产物为石油气和渣油等比燃料油重的组分，又通过热裂化、催化裂化等工艺转化为燃料油，这些燃料油有的要采用加氢等工艺进行精制。

最重的减压渣油则经溶剂脱沥青过程生产出脱沥青油和石油沥青，或经过延迟焦化工艺使重油裂化为燃料油组分，并副产石油焦。润滑油型炼油厂经溶剂精制、溶剂脱蜡和补充加氢等工艺，生产出发动机润滑油、机械油、变压器油、液压油等各种特殊工业用油。如今加氢工艺更多地用于燃料油和润滑油的生产中。此外，为石油化工生产原料的炼油厂还采用加氢裂解工艺。

2. 炼油系统水冷器的特点与材料

石化炼油系统中水冷器按其结构特点主要分为 U 形管式换热器、浮头式换热器、固定管板式换热器等。水冷器大多采用碳钢材料。

3. 炼油系统水冷器的主要腐蚀形式

碳钢水冷器的管内为循环冷却水，一般主要发生电化学腐蚀，包括硫化氢腐蚀、氯化物腐蚀、铵盐腐蚀、钙镁盐腐蚀。除此以外还有细菌腐蚀。

二、水冷器腐蚀的环境特点

水冷器由于自身所处的环境以及原料中含有的硫、氯元素，容易发生硫化氢和氯化物腐蚀。由于冷却水中或多或少都会有钙离子、镁离子和酸式碳酸盐，在水冷器中容易引起结垢，导致沉积腐蚀。

当少量油存在的时候，这些积垢就会为微生物的生存创造条件。局部腐蚀区域会大量滋生细菌繁殖，对管道造成进一步腐蚀。

三、水冷器腐蚀的发生原因

水冷器大多采用碳钢材料，由于碳钢材料耐蚀性低，在水作为介质时更容易发生电化学腐蚀，而且水冷器大多处于腐蚀介质、流体冲刷、物料结垢等几个因素互相作用的复杂环境中，所以容易发生腐蚀。由于水中溶解氧经常处于饱和状态，易引起碳钢严重腐蚀。换热过程中水温上升，增大了腐蚀速率和传热面上的结垢速率，同时为微生物的繁殖创造了条件，故会发生细菌腐蚀。

四、水冷器腐蚀的机理

1. 硫化氢腐蚀

在介质中含有液相水和 H_2S 时。在水相环境中，H_2S 发生电离，在碳钢表面发生电化学如下反应。

$$H_2S =\!=\!= H^+ + HS^- \tag{5-1}$$

$$HS^- =\!=\!= H^+ + S^{2-} \tag{5-2}$$

阴极：
$$2H^+ + 2e^- =\!=\!= H_2 \tag{5-3}$$

阳极：
$$Fe =\!=\!= Fe^{2+} + 2e^- , Fe^{2+} + S^{2-} =\!=\!= FeS \tag{5-4}$$

H_2S 在水相介质中对于碳钢的腐蚀机理比较复杂，但可以肯定的是，H_2S 对于碳钢的腐蚀过程的促进作用明显。且 H_2S 浓度越高，应力腐蚀引起的破裂越可能发生。

2. 氯化物腐蚀

（1）盐酸腐蚀

在预加氢系统注水或原料中有水存在的情况下，氯化氢气体成为盐酸，这会对设备产生酸腐蚀，反应过程如下。

$$Fe + 2HCl =\!=\!= FeCl_2 + H_2 \tag{5-5}$$

（2）HCl-H₂S-H₂O 循环腐蚀

系统中有 H_2S 和水存在的情况下，HCl 便和它们形成腐蚀性很强的 $HCl-H_2S-H_2O$ 体系，HCl 和 H_2S 相互促进的交叉腐蚀，对系统构成的腐蚀危害极为严重。其反应如下所示。

$$Fe+2HCl \Longrightarrow FeCl_2+H_2 \tag{5-6}$$

$$FeCl_2+H_2S \Longrightarrow FeS+2HCl \tag{5-7}$$

$$Fe+H_2S \Longrightarrow FeS+H_2 \tag{5-8}$$

$$FeS+2HCl \Longrightarrow FeCl_2+H_2S \tag{5-9}$$

氯离子在 H_2S-H_2O 溶液中可溶解设备管线内壁上的保护膜 FeS，这会加速 H_2S 对管线的腐蚀作用。不仅如此，在阳极极化条件下，介质中只要有氯离子便可使金属发生孔蚀，而且随着介质中氯离子浓度的增加，孔蚀电位下降，孔蚀容易发生，而后又容易加速进行。换热器管束发生小孔腐蚀，是从钝化膜的表面开始的。虽然这种钝化膜很薄甚至看不见，但它在管子制造过程中或者与介质接触中就已经形成。另外，随着 pH 值降低和温度升高，不锈钢点蚀电位下降，故更容易产生点蚀。

3. 铵盐腐蚀

铵盐主要是指 NH_4Cl，在催化重整预处理部分，氯化氢与预加氢反应中生成的氨结合生成氯化铵（铵盐结晶条件为 160～220℃），在预加氢反应产物换热器 E103 及下游水冷、空冷等低温部位（E103 入口温度为 200～220℃，出口温度为 90～110℃）易发生铵盐结晶，造成预加氢系统后部及下游装置的设备、管线发生堵塞及垢下腐蚀。铵盐水解呈酸性，对碳钢材质具有腐蚀作用：

$$NH_4Cl+H_2O \Longrightarrow HCl+NH_4OH \tag{5-10}$$

$$Fe+2HCl \Longrightarrow FeCl_2+H_2 \tag{5-11}$$

$$2FeCl_2+2HCl \Longrightarrow 2FeCl_3+H_2 \tag{5-12}$$

4. 钙镁盐腐蚀

大多数水冷器的冷却水介质中，因为冷却水中大部分都含有钙离子、镁离子和酸式碳酸盐，因此当含有这些离子的冷却水经过需要传热的金属表面时就会发生下面两个反应：

$$Mg^{2+}+2HCO_3^- \Longrightarrow MgCO_3 \downarrow +H_2O+CO_2 \tag{5-13}$$

$$Ca^{2+}+2HCO_3^- \Longrightarrow H_2O+CO_2+CaCO_3 \downarrow \tag{5-14}$$

当水中还含有 SO_4^{2-}、SiO_3^{2-} 等时，与钙镁离子反应就会生成非常难以溶解的硫酸盐、硅酸盐、磷酸盐，当这些非常难以溶解的盐类超过其溶度积时就会产生大量的沉淀，并使其沉积在水冷器管束表面造成结垢，同时伴随着铁锈的生成。由于结垢垢层的影响，换热效果大大降低，甚至不能满足工艺需求。而且由于水垢的存在，最后会造成水冷器管束的垢下腐蚀严重，使管束的可使用年限下降。

5. 细菌腐蚀

细菌腐蚀是细菌生命活动的结果，间接地对金属腐蚀的电化学过程产生影响。在黏泥团的覆盖下，局部金属表面成为贫氧区引起氧浓度差电池而导致电化学腐蚀，微生物起到加速局部腐蚀和生成新污泥的作用，厌氧菌依靠铁离子的氧化获得能量生存繁殖。

整个过程可看成是一个原电池，铁作为阳极被氧化，整个反应过程中细菌主要在阴极起将吸附在铁表面的 H 利用掉的作用，生成的产物又与阳极产物 Fe^{2+} 反应生成 FeS，从而使得反应能不断进行，对铁进行不间断的腐蚀，整个反应过程方程式如下所述。

$$4Fe = 4Fe^{2+} + 8e^- \qquad （阳极反应） \tag{5-15}$$

$$8H_2O = 8OH^- + 8H^+ \qquad （水的电离） \tag{5-16}$$

$$8H^+ + 8e^- = 8H_{吸附} \qquad （吸附于铁表面）（阴极反应） \tag{5-17}$$

$$SO_4^{2-} + 8H_{吸附} = S^{2-} + 4H_2O（有菌参与的阴极反应） \tag{5-18}$$

$$Fe^{2+} + S^{2-} = FeS \qquad （腐蚀产物） \tag{5-19}$$

$$3Fe^{2+} + 6OH^- = 3Fe(OH)_2 \qquad （腐蚀产物） \tag{5-20}$$

总反应：

$$4H_2O + 4Fe + SO_4^{2-} = FeS + 2OH^- + 3Fe(OH)_2 \tag{5-21}$$

五、水冷器腐蚀的防护

1. 正确选材，提高设备材质等级

正确选材是最为重要也是最为广泛运用的防腐蚀的方法。正确选材的目的是保证设备或物件能正常运转，有合理的使用寿命和最低的经济支出。因此，在任何一个"材料-环境"体系中，对材料的要求如下所述。

① 化学性能或耐腐蚀性能能够满足生产要求。

② 物理、机械和加工工艺性能等都能够满足设计要求。

③ 总的经济效果优越。

2. 管束内壁涂刷高耐蚀、具有一定杀菌效果的防腐蚀涂料

涂敷耐蚀涂料不仅可以使换热面具有抗冲刷、抗渗透、耐温变等性能，而且还有隔离金属表面与介质接触和阻垢的作用，在一定程度上可以提高水冷器性能和寿命。用这种方法存在涂料性能问题。目前涂料普遍耐温性能较差，每次检修用高压蒸气吹扫时，涂层容易剥落破坏，所以暂时只用于水冷器防腐。

钛纳米聚合物涂料就是将钛超细化达到纳米级，使其表面活性大大提高。同时将有机物双键打开，形成游离键，两者复合到一起，产生化学吸附和化学键合，生成钛纳米聚合物，进而生产出钛纳米聚合物涂料。该材料涂料特点有：抗渗透性好、抗腐蚀性高、抗结垢性好、导热性好、耐温性好、耐磨性能好、抗空蚀性能好、耐水性好。

3. 阴极保护法

从外部导入电流，方向是以被保护设备作为大阴极，阳极部分由于接受了反方向的外电流，这时一部分外部电流进入局部阴极，一部分进入局部阳极，达到阳极开路电位时，外加电流分布给阳极的部分和腐蚀电流相等，方向相反，也就是说这时腐蚀已经停止进行了。因此输出总电流降低，当电位已经下降到"免蚀区域"时，也就是说这时已经得到了阴极保护。

导入电流有两种方式：一种是利用外电源，体系中加入一块导流电极（石墨、高硅铁、废钢等）作为阳极；另一种是将一块电位较低的金属（例如比铁电位低的锌、镁、铝及其合金）与被保护的金属设备连接，使得两者能够在电解液中构成原电池。这时电位较低的金属（例如：锌、镁等）作为阳极会逐渐被腐蚀，所以也称其为牺牲阳极。

阴极保护广泛用于地下管道及其它埋在土中的金属设备，是一种既经济简便又非常行之有效的方法。

用牺牲阳极法对管板和芯子进行保护，是防止水冷器在循环水中腐蚀的重要手段之一。在冷换设备上主要应用的是牺牲阳极保护法。通过消耗电位高的阳极块从而达到保护电位低的碳钢阴极的作用，同时可以把有利于细菌生长的酸性环境通过电解转化为抑制细菌生长的碱性环境，可以有效地防止设备腐蚀，但在水冷器壁存在阳极布块难度较大，保护电流的保护范围有限等问题。

4. 涂料＋阴极保护综合防腐蚀手段

涂料是应用最广泛的一种防腐手段。涂料一般只适用于腐蚀不太强的环境，如大气、水、盐水、海水等。微孔中的腐蚀比较缓慢，腐蚀产物还能堵塞微孔。在强腐蚀介质如酸中，与金属发生剧烈反应之后，会产生氢气，这时会使漆膜破裂。

以锌粉为主的富锌漆（无机涂料），保护膜层是导电的。它的作用和阴极保护相同，锌-微孔中溶液-铁构成了腐蚀电池。锌电位较低，将逐渐被腐蚀，但底层的铁却得到了保护。在较为缓和的环境中，可以使用很久，直到锌层消失。

5. 尽量杜绝系统漏油

一旦系统出现漏油，应尽快处理，同时，选择开发具有抗漏油性能的新型水稳剂，保证水质稳定、合格。

有学者根据分子结构优化理论设计并合成了一种新型的有机类物质，其英文简称ABEDP。它具有有机磷酸和苯并三氮唑的共同特点，保持了有机磷酸和苯并三氮唑两种水处理剂的分子结构特征；同时比目前使用的有机磷酸的含磷量大大减少，生物降解性能得到了改善，可代替目前使用的低分子有机磷酸类药剂。

ABEDP可广泛应用在电厂、化工、纺织等行业的循环冷却水系统中，同时也可以作为工业化学清洗药剂使用。

6. 渗铝

将铝元素渗入工作表面层，包括粉末法、气相法和料浆法，可提高钢铁、非铁金属及合金的抗高温氮化和燃气腐蚀能力，对大气、H_2S、CO_2、海水介质具有良好耐蚀性。以渗铝为基础的铝铬共渗、铝硅共渗、铝铬硅共渗均有广泛应用。

第三节　高压聚乙烯装置腐蚀及其防护

一、聚乙烯装置循环气冷却器腐蚀原因

1. 聚乙烯装置循环气冷却器的腐蚀特点

循环气（有的场合是循环水）对换热管壁的腐蚀主要为垢下腐蚀。以立式单弓折流垢换热器为例，在折流垢与换热管交界处，受水流速率梯度的影响，在靠近折流垢与换热管的表面处循环水的流速接近为零，易造成 SiO_2 等细小固体颗粒的附着沉积，同时循环水中含有的微生物在换热管产生的热辐射作用下，附着在换热管表面繁殖，也加剧了换热管壁上的沉积物附着速率，更容易产生垢下腐蚀。循环水对换热管壁的腐蚀机理主要为电化学腐蚀。

在腐蚀电池中，阴极反应主要为氧的还原，垢下封闭区金属为阳极，阳极反应则是铁的溶解，使垢下介质的 pH 值进一步降低，腐蚀加速。所以说，金属的垢下腐蚀是由于其本身电化学腐蚀存在自催化作用，加速了金属的腐蚀，换热管壁发生点蚀，并向纵深发展直至穿孔，使设备泄漏，最终造成装置停车。

2. 阴离子的影响

金属的腐蚀速率与水中的阴离子的种类有密切的关系。冷却水中 Cl^- 等活性离子能破坏碳钢、不锈钢和铝等金属或合金表面的钝化膜，增进腐蚀；而铬酸根、亚硝酸根、硅酸根和磷酸根等阴离子能钝化钢铁或生成难溶沉淀物而覆盖金属表面，起到抑制腐蚀的作用。

3. 硬度的影响

硬度过高时则会结垢，而且在一定条件下会引起垢下腐蚀。硬度太低，缓蚀剂与金属作用在金属表面形成的保护膜（缓蚀剂膜）难以形成，对缓蚀效果有影响。以磷系配方为例，Ca^{2+} 含量一般不得小于 30mg/L，以形成磷酸钙的保护膜而起到缓蚀作用。

4. 含盐量的影响

含盐量增高会使水的导电性增大，易发生电化学作用，增大腐蚀电流，使腐蚀增加。含盐量增加，影响 $Fe(OH)_2$ 的胶体状沉淀物的稳定度，使保护膜质量变差，增大腐蚀；含盐量继续增加，可使氧的溶解度下降，阴极过程减弱，腐蚀速率变小。一般来说随着盐类浓度的增加，水的电导率增大，腐蚀速率上升，而在溶液含盐量大于 0.5mol/L 后，腐蚀速率开始减小。

5. 悬浮固体的影响

水中悬浮固体的增加会加大腐蚀速率。同时悬浮物的沉积还会引起沉积物下金属的氧浓

差电池腐蚀，使局部腐蚀加快。悬浮物的沉积会阻碍缓蚀剂到达金属表面从而影响缓蚀剂的缓蚀效果。

因此，循环冷却水系统在运行中要求采取旁滤措施，使浊度控制在 10mg/L 以内（最好小于 5mg/L）。在循环水流速较低的折流垢附近有 SiO_2 的存在，易造成 SiO_2 的沉积。

6. 微生物的影响

在冷却水中的异养菌、氨化菌、硫酸盐还原菌等微生物吸附水中的悬浮固体形成生物黏泥团，在换热管外壁上附着沉积，造成换热器堵塞，引起垢下腐蚀。同时微生物的新陈代谢过程也参与了电化学过程，促使腐蚀加速。

7. 流速的影响

流速的增加将使金属壁和介质接触面的层流层变薄而有利于溶解氧扩散到金属表面。同时流速较大时，可冲去沉积在金属表面的腐蚀、结垢等生成物，使溶解氧更易向金属表面扩散，导致腐蚀加速，所以碳钢的腐蚀速率是随着流速的升高而加大的。

随着流速进一步升高，腐蚀速率会降低，这是因流速过大，向金属表面提供的氧量已达到足以使金属表面形成氧化膜，起到缓蚀的作用。如果水流速率继续增加，则会破坏氧化膜，使腐蚀速率再次增大。一般水流速率在 0.6～1.0m/s 时，腐蚀速率最小。流速过低会使传热效率低和出现沉积，故壳程水冷器流速在 0.6m/s 以上为宜。

8. 温度及热负荷的影响

在密闭式循环冷却水中，金属的腐蚀速率随温度的升高而直线上升。这是因为在密闭系统中，氧在有压力的状态下溶解在水中而不能逸出。温度升高，氧扩散到金属表面的通量增大。但在开放系统中，随着温度的上升腐蚀率变大，到 80℃ 时腐蚀率最大；以后即随着温度的升高腐蚀率急剧下降，这是因为温度升高所引起的反应速率的增大比溶解氧浓度减少所引起的反应速率的下降程度大。

热负荷对金属的腐蚀速率起促进作用。热负荷大会产生热应力，保护膜易被破坏；同时热负荷高也会使金属表面生成蒸汽泡，对保护膜造成机械损伤。热负荷高使铁电极电位降低，使腐蚀加速。

二、高密度聚乙烯装置循环气冷却器的防腐蚀措施

冷却器在不同的工艺条件下有着不同的防腐蚀方法，针对循环气冷却器使用寿命短的问题，采取换热管外壁防腐涂料处理，可有效地延长冷却器的使用寿命，确保装置长周期稳定运行。冷却器在检修下线后，可通过观察孔检查污垢沉积情况，必要时可抽出管束对换热管外壁进行高压水枪清洗，并在上线前进行壳程水压试验，以确保冷却器在上线投用后的使用安全。

1. 冷却器的预膜处理

对冷却器进行预膜处理能有效减缓换热管的腐蚀，但是预膜处理时间一般处于整套装置

的检修开车阶段，而装置的全面大检修周期一般为 4～5 年。目前对该装置进行短停检修的周期为 300 天左右，同时对循环气冷却器进行下线清理维护，更换后，不具备对单台冷却器进行预膜处理的条件，因此，对冷却器进行预膜处理仅能对装置全面检修后投用的首台循环气冷却器有减缓换热管腐蚀的效果，但对装置短停检修之后更换的冷却器无缓蚀的效果。

2. 升级换热管材质

对冷却器的换热管进行升级，是将换热管材质由 10♯钢改为 304 钢，但是冷却水中 Cl^- 等活性离子能破坏不锈钢金属表面的钝化膜，加速腐蚀。

3. 对换热管进行防腐处理

对冷却器换热管的外壁进行防腐涂层处理。防腐涂层材料采用了 SHY99 涂料，这种新型换热设备专用防腐涂料是由改性耐热、防蚀高分子合成树脂和耐热、耐蚀性、填料及特种添加剂，经特殊生产工艺加工而成的。该涂料的特点有优异的耐酸碱、耐油等特性；突出的阻垢性能可有效地提高设备工作效率，减少非计划停工；良好的耐高温性能保证涂层在高温情况下不脱落；良好的导热性能保证稳定的换热效果，提高换热设备的运行状态。

4. 循环气冷却器的线下保护

在循环气冷却器下线后可以尽可能地排空壳程中的水，然后通入工业风流动吹扫，干燥后用低压氮气置换保压，这样可以隔绝空气中的水分及氧气对冷却器壳程管壁的腐蚀，这种方式在化工企业中可轻易实现，经济性好。

三、聚乙烯套管换热器腐蚀机理

1. 冷却器的均匀腐蚀

在高压循环气体冷却单元中，循环冷却水系统是一个露天敞开式的系统。金属材料受到冷却水中溶解的氧腐蚀是一种典型的电化学腐蚀形式，因为金属材料的电极电位要比非金属氧的电极电位要低，其中，被腐蚀掉的是作为阳极的铁，还原的是阴极的氧，这是一种典型的均匀腐蚀过程。

因此，在冷却器内管外表面以及外管内表面上，都可以看到一片片或者一块块的红褐色腐蚀产物，腐蚀物表面疏松多孔，而且，腐蚀产物的膨胀系数和管子基体的热膨胀系数相差很大，再加上冷却水流动的冲击力，非常容易与基体发生分层从而脱落。如果腐蚀产物成块脱落的话，就会在内外管管壁上形成凹坑，严重减薄管子壁厚。一般情况下，铁基材料腐蚀后先生成 $Fe(OH)_2$，之后会与冷却水以及水中溶解的氧气进一步发生化学反应，产生疏松多孔、容易脱落、红褐色的二次腐蚀产物 $Fe(OH)_3$，即：

$$Fe^{2+} + 2OH^- \longrightarrow Fe(OH)_2 \tag{5-22}$$

$$4Fe(OH)_2 + 2H_2O + O_2 \longrightarrow 4Fe(OH)_3 \tag{5-23}$$

根据观察，该种腐蚀产物既疏松又分层，由于上层腐蚀物起到的阻挡作用，冷却水中所溶解的氧渗透到达腐蚀产物下层的速率就会被减缓，其中大部分氧被阻隔，因而导致腐蚀产物的上层氧浓度会明显大于下层的浓度，这种浓度差会使得上层的腐蚀物作为新的反应的阴极，而腐蚀产物的下层将会成为阳极，这将促使腐蚀反应继续进行。进而，继续反应所产生的腐蚀产物渗入到疏松多孔的二次腐蚀产物层并继续向外部扩散，当 Fe 离子遇到冷却水中的氢氧根离子或氧时，会继续产生新的二次腐蚀氧化物，聚积在原先所形成的二次腐蚀产物层中。这样一来，腐蚀产物逐层加厚，逐渐汇集，并且还会向上鼓起，向下腐蚀扩展，从而会使管壁表面形成突起的鼓包，向下会形成较大的腐蚀坑。在所形成的腐蚀产物中，黑褐色层一般是 Fe_3O_4，即 FeO 和 Fe_2O_3 的混合物，另外，黄褐色腐蚀层是含有部分结晶水的 Fe_3O_4，该腐蚀混合物形成的机理是腐蚀产物内层的二价铁产物与腐蚀产物外层的三价铁产物发生反应脱水，从而形成带有结晶水的 Fe_3O_4：

$$Fe(OH)_2 + 2Fe(OH)_3 \longrightarrow Fe_3O_4 + 4H_2O \tag{5-24}$$

2. 冷却器的垢下腐蚀

在循环冷却水中，一些杂质如泥沙、易结垢离子以及一些微生物游泥等，在附着在冷却器内外管壁面上之后，将会导致冷却水中的氧向腐蚀层下渗透困难，即出现氧贫化现象，这样一来，腐蚀产物的电位就会逐渐升高，但是冷却水中的氯离子的存在，将会加重局部腐蚀，在原有腐蚀结垢层下方，出现新的腐蚀产物，这就是通常所说的垢下腐蚀，腐蚀产生的原因是氯离子具有很强的吸附性、迁移性以及渗透性。

导致垢下腐蚀的机理是：

$$M^+ + Cl^- \longrightarrow MCl \tag{5-25}$$

垢下氯化物 MCl 容易发生水解，水解反应式如下所示：

$$MCl + H_2O \longrightarrow MOH + HCl \tag{5-26}$$

从上式可以看出，产物中存在盐酸，这将使腐蚀产物周围处于一种酸性环境中，无疑会加重腐蚀的进一步扩展。因此，垢下腐蚀进行的速率要比均匀腐蚀速率快得多，产生的腐蚀形态是比较大的凹坑，而产生这种腐蚀的根本机理是氯离子在局部范围内的自催化作用以及氧浓度差。并且，根据现场的腐蚀物取样发现，管壁的结垢数量比较多，而且较为致密坚硬，这说明在水中加入的防腐蚀药剂并未起到较好的防止结垢作用，并且使腐蚀产物变得质地坚硬，这使得腐蚀产物更加难以除掉，或者在腐蚀产物脱落的时候对管壁材质造成较大的伤害，因此，选用何种防腐蚀药剂仍需要合理研究。对于较为严重的结垢，每隔一段时间都需要进行除垢清洗，来维持设备的正常运营，同时也检测腐蚀速率，评价设备的运营安全性，这些工作都是十分必要的。

3. 点蚀

在高压循环气体冷却器的循环冷却水中，存在着大量的 Cl^-，在存在氧浓度差的情况下，Cl^- 作为一种助催化剂促进产生垢下腐蚀，在电解质溶液中，Cl^- 又是一种自催化剂促进基体产生局部腐蚀。而且，Cl^- 通常在腐蚀孔或者腐蚀凹坑内积聚最为严重，于是这种腐蚀习惯上被称为点蚀。在点蚀出现时，在腐蚀小孔以及腐蚀凹陷处，金属会发生腐蚀并且溶解，即生成 M^{2+}。

因此，大量金属元素离子就会在点蚀坑处形成，然而，为了保持溶液的电中性，腐蚀坑附近的氯离子被吸引过来，于是金属阳离子与氯离子就会结合成氯化物，而这种氯化物十分容易发生水解，水解之后产生金属氢氧化物以及盐酸，而该金属氢氧化物是可溶性的。该过程的反应式如下所示：

$$MCl_2 + 2H_2O \longrightarrow M(OH)_2 \downarrow + 2H^+ + 2Cl^- \qquad (5\text{-}27)$$

在以上反应式中，反应生成的盐酸属于腐蚀性很强的酸，会促进金属基体的加速溶解，与此同时，冷却水溶液中所存在的氯离子对于腐蚀物表面形成的钝化层起强烈的破坏作用，这就使得金属腐蚀雪上加霜，进行得更为迅速。早在 2008 年，当时检测循环冷却水中，就含有相当数量的 Cl^-，已经超过了 530ppm，大量的氯离子无疑使得腐蚀坑附近处在比较强的酸性环境中，通过上面的反应过程分析，可以明确冷却水中大量氯离子在腐蚀过程中所起到的促进作用。

4. 气相腐蚀、干湿交替腐蚀及冲击效应

通过对现场腐蚀情况的观察发现，在冷却器内管外头处以及冷却水出口三通部分，结垢现象以及腐蚀产物剥落的现象均十分明显，这就会导致冷却水流通通道的截面变得不畅通，流通阻力增大，而冷却水流过此处时，就会出现局部气液两相流的现象，局部流动受阻区域的冷却水很可能会因为流通不畅产生滞留，被加热至汽化温度，而其它部分则可能因为局部流通面积缩小而产生湍流冲刷现象，形成的冲击流会对冷却器管壁造成巨大的冲击力。另外，在每次停车对冷却器进行清洗除垢时，管壁也因为干湿交替而进一步腐蚀。

通常情况下，金属管路在具有腐蚀性的冷却水环境中，首先在管壁表面形成一层薄的腐蚀层，这个腐蚀层有时会起到钝化层的作用，起到阻隔腐蚀的效果，进而降低腐蚀速率。但是，由于管路内局部结垢导致了流通截面的减小或者阻塞，以及在管路连接处的水路方向的突变等，将会使得腐蚀层受到很大的冲击作用。在冲击力的作用下，这些腐蚀产物就会不断地随着水流被剥落冲走，于是，这就导致了新的腐蚀层的产生，管路就会加重腐蚀程度。除此以外，在企业每年的生产过程中，会有数次切换或者停车来对冷却器的腐蚀产物以及结垢进行清洗，一般来说，目前采用的清洗方式主要有热水冲洗以及蒸汽清洗两种，利用蒸汽清洗时，管壁的腐蚀产物会受到蒸汽的渗透腐蚀，而用热水清洗时，腐蚀物在受到浸泡之后会膨胀，并且会随着水流逐渐脱落，脱落的过程会对管壁基体造成一定的损伤，而且与此同时管壁就开始了新的腐蚀进程，这就是干湿交替腐蚀的作用机理，这也是对管壁减薄起到关键作用的一种方式。

对于管壁的腐蚀，以上三种（气相腐蚀、干湿交替腐蚀、冲击效应）方式都具有相当的促进作用，这三种方式引起的腐蚀属于局部腐蚀，对于设备而言，局部腐蚀是一种十分危险的现象，如果检测不到位，很可能会引起泄漏，甚至产生更为严重的事故，因此对于局部腐蚀的加剧因素，要给予更高的关注和预防。

5. 微生物腐性

循环冷却水如果受到污染，会产生黏液细菌、铁细菌及硫酸盐还原菌等。黏液细菌吸附水中的污物形成生物黏泥团，铁细菌和硫酸盐还原菌会对管道产生腐蚀，同时容易与腐蚀物生成结垢物。

另外，循环冷却水因某种因素有时含有少量的泥土、砂粒、焊渣、腐蚀物等不溶性物质，这些固体物质有时是从清洗时引入的，有些是安装、维修时带入的，也可能是在运行中生成的。这些不溶物一方面易在滞流区域沉积造成结垢和垢下腐蚀，另一方面会随水流冲击管壁，对其产生冲击磨损效应。因而，确保循环冷却水的纯度及其质量是相当重要的。

四、聚乙烯套管换热器的防腐蚀措施

聚乙烯套管换热器的腐蚀问题一直是石化企业面临的棘手问题，探究腐蚀机理以及提出切实可行的防腐蚀办法一直是值得研究的课题。

1. 设备腐蚀的原因分析

① 循环水中含量过高的 Ca^{2+}、Na^+、K^+、S^{2-}、Cl^-、SO_4^{2-} 以及露天循环导致循环水中溶氧量很高、再加上一些微生物作用，导致了溶解氧腐蚀、垢下腐蚀以及氯离子点蚀。

② 在冷却器的端部以及中间跨管之处，存在着因流通截面流动方向的突然改变而引发的流动死区、流速急剧增加区以及循环水因滞留引发过热而汽化的区域，这些地方将会对冷却器产生更加严重的结垢、强烈的冲蚀、甚至汽蚀。

2. 改善冷却器腐蚀的最关键途径

① 改善水质，降低循环水中含量过高的 Ca^{2+}、Na^+、K^+、S^{2-}、Cl^-、SO_4^{2-} 以及含氧量等加速腐蚀的元素、离子，最根本的途径是将原工业循环冷却水替换为纯水。

② 优化冷却器端部以及跨管处结构，减小流动死区，避免流速的大范围变化，从而减轻结垢，降低冲蚀、汽蚀作用；对于端部封头处，通过局部的结构改进，避免各种离子的聚集沉积产生的垢下腐蚀，从而也避免冷却水局部过热而产生汽蚀。

③ 对于其它位置，应尽可能使冷却水进出口连接管靠近套管端部，以减少套管端部的死区；另外，为减轻水流对管壁的冲蚀，还可以采用在正对接管的内管外壁增加防冲垢的方法。

第四节　油田注水系统的腐蚀与防护

一、注水系统腐蚀特征

1. 污水储罐腐蚀

一般来讲，污水储罐的罐底都会出现许多大片面积的坑点状腐蚀痕迹，在挂片实验中表现为较严重的点蚀，表面较光滑，由腐蚀所产生的产物较少；罐壁上的腐蚀较均匀，力度较轻。缓冲罐同污水储罐相比，腐蚀程度也较轻，主要表现为均匀的腐蚀以及局部点蚀，罐壁的腐蚀产物多为深色的沉积物。

2. 注水管线腐蚀

注水管线腐蚀也是整个系统腐蚀的一大类别。注水管线腐蚀的特征是腐蚀较为均匀，局部呈点状腐蚀，腐蚀的产物多呈黄褐色和黑色。

3. 注水井油管腐蚀

注水井的油管腐蚀程度相比其它的设备来说是最为严重的。一般情况下，新油管的使用寿命在一年左右，但部分油管在投入使用几个月的时间就腐蚀穿孔。这种腐蚀的特点是局部点蚀穿孔，油管内和油管外的腐蚀程度都很严重。注水井油管腐蚀的原因主要是细菌腐蚀和应力作用，另外，作业质量低和油管丝扣处的泄漏也在不同程度上加重了腐蚀的程度。

二、腐蚀机理分析

1. 腐蚀类型

金属材料的腐蚀机理主要有化学腐蚀、电化学腐蚀和物理腐蚀三大类。在油田污水回注系统中，电化学腐蚀是最常见、最易发生的一种腐蚀。按其腐蚀形态可分为均匀腐蚀与局部腐蚀，但从现场应用情况和国内外的大量研究可以看出，大面积的均匀腐蚀危害性并不是很大，局部穿孔腐蚀的危害性相当大，也是现场中最常见的一种腐蚀。

2. 侵蚀性成分

对于典型注水站的油田污水的电导率、矿化度均较高，并且含有大量的有害离子，如 Ca^{2+}、Mg^{2+} 和 HCO_3^-、Cl^-、SO_4^{2-}、S^{2-} 等的油田，这些成分成为引起油田注水系统腐蚀的主要原因。

3. 油田区域注水系统的腐蚀过程

① 在 HCO_3^- 含量和矿化度较高的水样中，反应所生成的 $FeCO_3$ 在 150℃ 以下很疏松，与基体之间几乎没有附着力，并且在曝氧条件下，$Fe(OH)_2$ 和 $FeCO_3$ 很不稳定，部分会被氧化成铁的氧化物。此外，反应所生成的 H^+ 加速了腐蚀的发生。

② 当试样表面被腐蚀产物膜覆盖以后，介质中的阴离子只有通过扩散穿过腐蚀产物膜才能到达膜与试样界面处，在界面处 HCO_3^- 仍然可以直接与试样反应生成 $FeCO_3$。这样一来，所生成的腐蚀产物膜的致密性对降低基体合金的腐蚀速率起到至关重要的作用，膜越致密，腐蚀速率越低。

③ 腐蚀膜覆盖完好的情况下，在基体与腐蚀产物膜的界面处，液相双电层结构容易优先吸附介质中的氯离子，膜内存在的微观通道可以使得侵蚀性强的氯离子穿越腐蚀膜，使得氯离子在部分区域会积聚成核，导致该区域阳极溶解加速。阳极金属的溶解，会加快氯离子透过腐蚀产物膜扩散到点蚀坑内的速率，使点蚀坑内的 Cl^- 浓度进一步增加。

④ 同时，随着阳极反应所生成的 $Fe(OH)_3$ 和外界环境中的大量的 $CaCO_3$ 等不溶于水的物质在蚀坑口的不断沉积，最终会将蚀坑口封住，在蚀坑口形成一个闭塞电池，使坑内外

交流不畅，以致使坑内的氧浓度大大降低，造成氧浓差。其腐蚀机理过程示意见图 5-1。

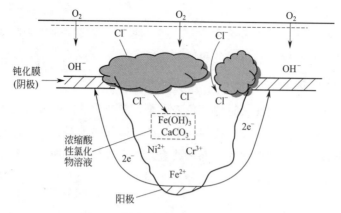

图 5-1　氯离子引起的闭塞腐蚀电池

此外，对于上述所形成的垢也可产生垢下腐蚀，其腐蚀机理为缝隙腐蚀。缝隙腐蚀机理是氧的浓差电池与闭塞电池自催化效应共同作用的结果。缝隙腐蚀分为初期阶段和后期阶段。在缝隙腐蚀初期，缝隙内的全部表面上发生金属的溶解和阴极的氧还原为 OH^- 的反应。

在 S^{2-} 含量较高的水样中，腐蚀膜的生成机理会发生变化。在此以 S^{2-} 含量较高的一号注水站的水样为例来进行阐述其腐蚀成因。在此水样中，SO_4^{2-} 含量分别为 470.01mg/L 和 581.14mg/L，同时还含有大量的 S^{2-}，且腐蚀产物中出现有 FeS。由此可推出，此水样中可能存在大量的硫酸盐还原菌（Sulfate Reducing Bacteria，SRB）或地层中自身含有 H_2S 气体。

4. 流体冲刷的影响

除上述分析所得的几种腐蚀机理外，现场所存在的流体冲刷腐蚀也是引起材料腐蚀的重要原因之一。

冲刷腐蚀是金属表面与腐蚀性流体之间由于高速相对运动而引起的金属损坏现象，是机械性冲刷和电化学腐蚀交互作用的结果。冲刷使金属与介质的接触更加频繁，不仅加速了腐蚀剂的供应和腐蚀产物的转移，而且也附加了纯力学因素，即液流与金属之间有很高的剪切应力，这种应力会将金属腐蚀产物从基体上撕拉开并冲走；而液流冲击金属表面，在悬浮固体颗粒物作用下，切力矩作用增强，腐蚀加剧。

三、油田注水管道腐蚀的影响因素

油田注水系统通常会与相对高浓度的 HCl、$NaHCO_3$ 等腐蚀物质混合的水质相接触，这种水质的酸性已经大大地超过规定的标准值。在这样的环境下也很容易出现铁细菌和各种异养细菌，油田生产过程中产生的 H_2S 和 CO_2 等酸性气体与这些细菌相互作用，使得整个注水系统受到侵蚀的可能性和速率大大提升。影响油田注水系统腐蚀的综合因素还有许多，例如油田环境的 pH 值、细菌、溶解氧、溶解盐、温度、压力以及水的组成部分等。

1. pH 值

油田的注水管道，由于其特殊作用，一直是被深埋在油田地下的。这种特殊的安装位置决定了它的腐蚀速率以及概率都远远大于普通金属被腐蚀的程度。影响油田注水系统腐蚀最为重要的因素就是整个环境的 pH 值。

油田环境在 pH 值为 1 时呈现出强酸性，但是通常来讲，如果管道内的空气流动不是很多，也不会造成腐蚀速率加快；另外，如果管道内的空气流动较多、较快，就会有大量的氧气进入管道，这样注水管道整个碳钢表面用来防止腐蚀的氧化物覆盖膜就会被完全地分解，从而致使钢铁的裸露表面和酸性介质直接接触，造成腐蚀速率的加快以及腐蚀程度的加深。

当管道环境处在 pH 为 11 的碱性区域内时，碳钢表面的氧化物覆盖膜随着 pH 值的不断升高，会自发地逐渐转化为具有钝化性能的新的保护膜。在这样的情况下，腐蚀以及氧化的速率相比之前就会大大地下降。但是，在 pH 值超过 12 的情况下，腐蚀率会在氧和碱性环境的双重作用下出现上升的趋势，造成这种现象的原因是钝化膜在管道表面溶解形成了铁酸钠溶液。

2. 离子成分

该地区部分油田回注污水的矿化度高，同时含有大量的有害离子，如 Ca^{2+}、Mg^{2+} 和 HCO_3^-、Cl^-、SO_4^{2-}、S^{2-} 等。虽然高矿化度及高含量 Cl^- 的水本身不具有很强的腐蚀性，却是加速腐蚀的重要因素，在腐蚀介质中充当催化剂的作用。

图 5-2 给出了油田注水系统氯化钠浓度对铁腐蚀的影响情况。

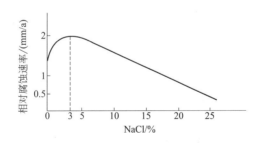

图 5-2　油田注水系统氯化钠浓度对铁腐蚀的影响情况

3. 气体成分

腐蚀性气体主要有溶解的 O_2、溶解的 H_2S 等。溶解氧腐蚀是油田污水处理及注水系统的主要腐蚀形式之一。氧有着极强的"去极性"作用和浓度差电池作用，如果含氧系统中同时有 CO_2 和 H_2S 气体存在，这种"去极性"作用加剧了 CO_2 和 H_2S 的腐蚀，是造成油田腐蚀的重要原因，Fe^{2+} 氧化成 Fe^{3+}，生成不溶性的 $Fe(OH)_3$。溶解的 H_2S 也具有腐蚀性，腐蚀产物为极难溶解的 FeS。且 H_2S 和 CO_2 结合比单一的 H_2S 腐蚀性更大，若有微量氧存在，则腐蚀更快。

（1）溶解氧腐蚀

溶解氧腐蚀也是当前大多数油田注水系统遭到严重腐蚀的主要原因。这种腐蚀在深层地层水中含有较多氧元素的环境下会更为严重，因为含氧量的增加，油管等一些井下设备的腐蚀速率会大大增加。另外，油田作业过程中，钢制设备的一种潜在的巨大威胁来自于二氧化碳形成的碳酸，容易导致钢结构表面的氧化膜腐蚀，碳酸盐浓度直接与腐蚀速率相关联。二氧化碳的溶解度与温度有密切关系，压力和水中的成分有不可分割的关系，在注水系统所处环境中温度、压力以及水的组成的共同作用下，腐蚀的速率会呈现不同程度的增加。

（2）"去极性"作用

如果含氧系统中同时有 CO_2 和 H_2S 气体存在，这种"去极性"作用加剧了 CO_2 和 H_2S 的腐蚀，是造成油田腐蚀的重要原因，Fe^{2+} 氧化成 Fe^{3+}，生成不溶性的 $Fe(OH)_3$。溶解的 H_2S 也具有腐蚀性，腐蚀产物为极难溶解的 FeS。且 H_2S 和 CO_2 结合比单一的 H_2S 腐蚀性更大，若有微量氧存在，则腐蚀更快。

4. 细菌腐蚀

大量研究结果表明，细菌经常是造成油田注水系统腐蚀的重要因素，其中腐蚀危害最大的细菌主要是厌氧型细菌。由于垢下氧浓度比其它部位低，厌氧型硫酸盐还原菌可大量繁殖，造成氧浓度差腐蚀和细菌腐蚀十分严重。硫酸盐还原菌能把水中的 SO_4^{2-} 中的 S（Ⅵ）还原成 S^{2-}，进而生成副产物 H_2S 而引起腐蚀。在 H_2S 的腐蚀过程中产生的 FeS 又是造成地层堵塞的极有害的物质。

硫酸盐还原菌主要是附着在管壁上生长，它的腐蚀形式主要是在附着部位产生点蚀。过滤器是它频繁活动的场所，是产生黑水的主要原因。黑水和细菌残骸形成黏稠的黑色液体，极易造成堵塞，难以清洗。此外，导致油田产出污水性质变化的因素还有很多，如 pH 值、温度、压力、曝气等。所以，油田产出污水回注引起的腐蚀的成因及机理是多种因素共同作用的结果。

5. 综合因素的共同腐蚀

pH 值、溶解氧、氯离子、硫酸盐还原菌、防膨剂、温度和空气流速等因素在发生单因素变化时都会对相应的区块形成腐蚀影响，但影响的程度不完全一致。这些综合因素对于腐蚀的影响程度可以通过将各种元素的组合实验得到验证。通过一系列的实验结果可以得出结论，当在介质中单独增加溶解氧的含量、氯离子的浓度或者硫酸盐的还原菌数量中的任意一项，设备被侵蚀的速率会呈现上升趋势，但是幅度较小；但是如果将溶解氧的含量、氯离子浓度和硫酸盐还原菌的数量同时增加，设备侵蚀速率会大大提升。所以，对于综合因素的控制也是在油田注水系统抗腐蚀的过程中需要注意的一点。

四、腐蚀防护对策

油田注水系统的腐蚀往往会造成整个系统无法正常进行作业，这会大大地影响整个油田的正常生产以及各项工作的进行，从不同程度上影响了油田的经济效益。油田技术人员不断开发探索，通过各种实验研制了适合油田金属腐蚀的防护技术。通过采用一系列的技术方法，使用合金材料、电化学保护技术和表面涂层技术等实现金属腐蚀的防护，可有效地延缓甚至阻止金属的腐蚀和损伤程度。

油田注水系统的防腐蚀工作是极为复杂和繁复的，它需要综合考虑多方面因素。整个工程需要严密的系统性，在整个工程开始之前，对所要进行施工的系统进行贴合实际的前期考察，进而提出科学的控制腐蚀的对策，只有这样才能在控制成本的情况下取得较为理想的效果。目前大多数油田注水系统使用的常见的保护技术可分为以下几种。

1. 选择适合的材料或改变材料的组成

油田注水系统防腐蚀的保护应该从源头开始。我国大多数油田注水系统设备使用已经超过 10 年，很多零件经过 10 年的使用、老化，腐蚀比较严重。而且油田中腐蚀金属的气体积累较多的问题一直没有解决，所以大量的硬件设备都有严重的腐蚀现象。在这种情况下，应该更新整个系统的相关硬件。在更新设备时，技术人员应当结合材料使用的具体环境来选取最为合适的材料；或者可以通过调节材料的组成成分（例如通过调整碳钢和低合金钢的成分）来增加金属的耐侵蚀性。在选取材料的同时也要考虑经济成本，因为通常来讲耐蚀材料成本比一般金属高出很多，所以，成本和油田注水系统内部的各种条件的限制都需要考虑在内。

2. 电化学保护技术

前文中提到在更新油田注水系统设备的时候要注意对相应成本的控制，如果在成本较大而无法进行具体实施的情况下，还可以考虑采用成本相对低廉，同时可实施性也较强的电化学保护技术和表面处理技术两种方法。

电化学原理是电化学保护技术经常利用的技术手段，这是一种将直流电通过其它金属设备和金属管道时浸在水中的技术，通过这种方式可以提高金属设备的活性，达到防止氧化和腐蚀的效果。电化学保护技术可以分为阴极保护技术和阳极保护技术两种类型，阴极保护进一步可分为外加电流法和牺牲阳极法。

3. 表面处理技术

成本较为低廉的另一种保护法是表面处理技术。表面处理技术主要采用的是镀层或涂层的相关技术。它通过对油田注水系统进行一定的物理或化学处理达到表面氧化、磷化的目的，或者将金属材料表面直接钝化成不易氧化的金属涂层，最终在油田注水相关设备表面形成一种有效的保护膜，这样通过改变金属表面的特性提高了金属设备的耐腐蚀性能。值得注意的是，除了金属镀层，涂层、油脂、衬里与采用包裹层等一些方法也是成本较为低廉并且效果相对较好的抗腐蚀方法。

4. 改变环境的介质条件

除了从根本上改变或者更新设备的硬件或者通过表层技术对设备进行处理，还应该注意导致整个系统产生腐蚀的外因是注水系统所处的油田环境。例如，通过添加缓蚀剂，除去空气中的氧，并调节 pH 值和对水分去盐化等一系列措施，减缓外界不利环境对金属设备的腐蚀速率，再加上各种综合手段以达到保护整个油田注水系统的目的。

作业练习

1. 石油化工系统的常用金属材料有哪些？其特点是什么？
2. 超马氏体不锈钢有什么特点？该材料的适用场合是什么？
3. 石油化工系统的新型特殊耐腐蚀材料有哪些？
4. 石化炼油系统主要包括哪些部分？炼油系统水冷器的特点与材料是怎样的？
5. 水冷器铵盐腐蚀的特点和原因是什么？
6. 阴极保护和渗铝的方法是如何防止水冷器腐蚀的？
7. 高密度聚乙烯装置循环气冷却器的腐蚀原因有哪些？
8. 冷却器的预膜处理工艺是怎样的？
9. 气相腐蚀、干湿交替腐蚀及冲击效应对冷却器的影响是怎样的？
10. 油田注水系统的腐蚀特征与机理是怎样的？
11. 氯离子点蚀的闭塞腐蚀电池是什么样的？
12. 油田注水系统的防腐蚀技术有哪些？

第六章
机械航空系统的新型防腐技术

第一节　机械航空系统的金属材料

一、概述

　　飞行器结构所采用的主要钢种包括高强度的结构钢和耐高温、耐腐蚀的不锈钢。高强度合金钢具有较高的比强度，工艺简单，工作温度一般不超过 350℃；不锈钢具有良好的耐腐蚀性，可用作浓硝酸的容器，具有较高的耐热性，可以在 480～870℃ 长期工作，具有优良的超低温性能，可用以制造液氧、液氢容器。不同种类的不锈钢，其性能也会有所不同。由于不锈钢中合金钢比例较高，故其价格比结构钢高得多。

　　与钛合金相比，用钢制造一些发动机零件会增加结构重量。未来的高推重比发动机将进一步减少钢的用量。但由于钢的成本显著低于钛合金，也不会像钛合金那样在一定条件下可能发生燃烧，因此在结构重量指标允许的情况下，设计师们还会或多或少地选用一些钢制造零件。

二、合金元素在钢中的作用

　　按与碳亲和力的大小可将合金元素分为碳化物形成元素与非碳化物形成元素两大类。常用的合金元素有以下几种。

　　非碳化物形成元素：Ni、Co、Cu、Si、Al、N、B，它们不和碳形成碳化物，而溶于铁素体和奥氏体中，形成合金铁素体和合金奥氏体。

碳化物形成元素：Mn、Cr、Mo、W、V、Ti、Nb、Zr。

合金元素对钢的组织和性能有很大影响，在钢中的作用也是非常复杂的。下面仅简述其几个最基本方面的作用。

（1）合金元素对基本相的影响

① 溶于铁素体。

② 形成合金碳化物。

（2）合金元素对铁碳相图的影响

① 扩大奥氏体区。

② 缩小奥氏体区。

（3）合金元素对热处理的影响

① 阻碍奥氏体的晶粒长大。

② 提高淬透性。

③ 提高回火稳定性。

三、超高强度钢

1. 超高强度钢的应用条件

对于宇宙航行及航空工业来说，降低飞行器或构件自身的重量至关重要，因此要求材料的比强度（强度/密度）高。

超高强度钢的发展就是为满足飞行器的这种需要研制的，现已发展成囊括范围很广的一种钢类，大量应用于火箭发动机外壳、飞机起落架、机身骨架、高压器和常规武器的某些零部件上，其使用范围在不断扩大。除了起落架以外，飞机上还有很多关键部位的连接构件如主翼和机身的连接件必须用超高强度钢。

这些构件的一个共同特点，就是体积虽小但作用巨大，某个部位的连接构件一旦断裂，可能直接导致飞机解体。因此，设计师在选择这些构件的材料时重点考虑的是强度等综合性能。相对密度在这里已不是最关键的指标了。航空超高强度钢在航空器中还有一类很重要的应用，就是传动部件，比如航空发动机中的轴承和传动齿轮。

超高强度钢是指屈服强度大于 $1300N/mm^2$、抗拉强度大于 $1400N/mm^2$ 的钢。通常不在调质状态下使用。根据合金元素含量多少，可分为低合金、中合金和高合金超高强度钢，常用的是低合金超高强度钢。

2. 性能要求

对于超高强度钢性能的要求如下所示。

① 具有所要求的强度。

② 合适的塑性、韧性和尽可能小的缺口敏感性。

③ 高的疲劳强度、足够的耐热性和一定的耐蚀性。

④ 对某些特定的零部件（如火箭发动机壳体、导弹壳体等）还要求具有适当的焊接性。

3. 成分特点

超高强度钢是在合金调质钢的基础上，加入多种合金元素而发展起来的。含碳量一般在 0.3%～0.5%，并加入对钢淬透性影响最大的合金元素锰、铬、镍、钼、硼等以提高淬透性，加入硅、钒等提高回火稳定性，加入钒、钛以细化晶粒。由于钢中硫、磷及气体都会强烈降低回火马氏体的塑性和韧性，增加钢的缺口敏感性，因此杂质含量应严格控制。

4. 主要钢种

航空常用的超高强度钢有 30CrMnSiNi2A、40CrMnSiMoVA、32Si2Mn2MoV 等。我国于 20 世纪 50 年代初研制成功 30CrMnSiNi2A 超高强度钢，拉伸强度达 1700MPa。70 年代初，结合我国资源条件研制成功 32Si2Mn2MoVA 和 40CrMnsiMoVA（GC-4）超高强度钢。80 年代，采用真空冶炼新工艺，先后研制成功 45CrNiMoVA（D6AC）、34Si$_2$MnCrMoVA（406A）、35CrNiMoA、38Cr2M02VA（GC-19）、40CrNi2Si2MoVA（300M）和 18Ni 马氏体时效钢，形成了我国较完整的超高强度钢系列。

目前我国生产的军用战斗机、强击机和民航机的机翼和安定面梁件、中翼缘条、机身框架、起落架、接头等都使用了国产超高强度钢。例如 J7Ⅲ 战斗机的框架采用 38Cr2M02VA 钢制造，300M 钢（40CrNi2Si2MoVA）用于制造的 J8Ⅱ 战斗机的主起落架。

四、不锈钢

1. 不锈钢的用途及性能要求

金属与合金由于和周围介质（大气、水和各种酸、碱、盐的水溶液等）发生化学反应而产生破坏的现象称为腐蚀。凡是在空气中能够抵抗腐蚀而不生锈的钢叫作不锈钢，而在各种酸、碱、盐类的水溶液中不被腐蚀的钢叫作耐酸钢，通常把这两类钢都叫作不锈钢或不锈耐酸钢。显然，耐酸钢必然是不锈的，而不锈钢不一定是耐酸的。不锈钢在石油、化工、原子能、宇航、海洋开发、国防工业和一些尖端科学技术及日常生活中都得到广泛应用，例如化工装置中的各种管道、阀门和泵、热裂设备零件、医疗手术器械以及防锈刀具和量具等。

对不锈钢的性能要求最主要的是耐蚀性。除此之外，用于制作工具的不锈钢还要求高硬度、高耐磨性，用于制作重要结构零件还要求其具有高强度，某些不锈钢则要求有较好的加工性能。

2. 不锈钢的成分特点

为了提高钢的耐腐蚀性能，必须使铁基固溶体的电极电位提高，使其在氧化介质作用下，表面形成致密的、稳定的钝化膜。在这方面铬是最有效的合金元素，所以工业中应用的不锈钢都是以铬为主要合金元素的 Fe-Cr-C 合金。

3. 常用不锈钢

（1）马氏体型不锈钢

钢中含铬量为 13%～18%，含碳量为 0.1%～1.0%，淬火后可得到马氏体组织的不锈钢叫作马氏体型不锈钢。这类钢的典型钢种有 1Cr13、2Cr13、3Cr13、4Cr13 和 9Cr18 等，其中 1Cr13 实际上是半马氏体型不锈钢，只有当其含碳量偏高、含铬量偏低时，才可能淬火后没有游离铁素体而得到单一的马氏体组织。马氏体型或半马氏体型不锈钢都具有磁性，都可以通过热处理来强化，一般用来制作既能承受载荷又需要耐蚀性的各种阀、机泵等零件以及一些不锈工具。

（2）铁素体型不锈钢

含 17%～30% 的 Cr 及微量碳（≤0.15%），获得均匀的铁素体组织的不锈钢，也属于铬不锈钢，称"铁素体型不锈钢"。典型的钢种有：1Cr17、1Cr17Ti、1Cr25Ti、1Cr28 等。由于含碳量相应地降低、含铬量相应地提高，铁素体型不锈钢为单相铁素体组织，耐蚀性比 Cr13 型钢更好，塑性、焊接性也优于马氏体不锈钢。

这类钢在强烈的氧化性介质中具有良好的抗腐蚀能力，所以是化工工业中优越的材料之一。同时，因均具有良好的高温抗氧化性能，所以也被用作耐高温材料。这类钢的含碳量很低，而含铬量很高，在加热和冷却过程中组织不发生变化，因此不能通过热处理来强化。这类钢具有铁磁性，一般在退火或正火状态下使用，塑性很好，但强度显然比马氏体不锈钢低，主要用于制造耐蚀性要求很高而强度要求不高的构件。

（3）奥氏体型不锈钢

含有 12%～30% 的 Cr 和 6%～20% 的 Ni 及 Mn 等元素，含碳量≤0.20%，得到单相奥氏体组织的不锈钢称奥氏体型不锈钢。典型的铬镍不锈钢有三种类型：第一种是简单的18-8型，例如 0Cr18Ni9、1Cr18Ni9、2Cr18Ni9；第二种是为了防止晶间腐蚀而添加钛或铌的钢，例如 1Cr18Ni9Ti、1Cr18Ni11Nb；第三种是为了提高钢的抵抗点腐蚀的能力而添加钼和铜的钢，如 1Cr18Ni12Mo3Ti、0Cr18Ni18Mo2Cu2Ti 等。

（4）奥氏体-铁素体不锈钢

当钢中稳定奥氏体元素的作用不足以使钢在常温下获得单一的奥氏体组织时，就可能以奥氏体-铁素体双相组织存在，属于这一类不锈钢的有：1Cr21Ni5Ti、1Cr18Mn10Ni5Mo3V 等。这类钢不能通过热处理强化，在常温与低温下具有很高的塑性与韧性，两相组织的存在使钢发生点腐蚀的倾向较大。

除上面几类不锈钢以外，还有一类新型的不锈钢叫作沉淀硬化型不锈钢，它们是通过适当合金化以后，利用热处理时奥氏体转变为马氏体过程中析出金属间化合物而使钢强化。所以也叫奥氏体-马氏体时效不锈钢。这类钢强度高（可达 1000～1500MPa），高温性能好，易于成形和焊接，主要用于航空工业及火箭、导弹生产方面。

对于一些加工变形量大的零件，如飞机襟翼整流包皮。传统上一般采用 1Cr16Ni9Ti 不锈钢，但该合金强度太低，在使用中，铆钉孔处经常发生拉坏现象。鉴于上述情况，在新型号的设计中，对座舱锁钩、齿垫、发动机吊杆螺栓、液压系统导管弯管接头（锻件）、无扩口管接头、襟翼整流包皮等部位的零件采用了我国自行研制的半奥氏体沉淀硬化型不锈钢替代传统不锈钢材料。另外，对于一些高强度螺栓，一般都是将高强度结构钢加工而成，表面镀铬进行防护。但在新型号设计中，这类零件均已采用 0Cr12Mn5Ni4Mo3Al 不锈钢进行制造。

五、耐热钢

1. 性能要求

钢的耐热性包括高温抗氧化性和热强性两方面，即高温下对氧化作用的抗力和高温下承受机械负荷的能力。

（1）抗氧化性好

抗氧化性在很大程度上取决于金属氧化膜的结构和性能，因此提高钢的抗氧化性的最有效的方法是加入 Cr、Si、Al 等元素，形成高熔点、致密且与基体结合牢固的氧化膜，隔离了高温氧化环境与钢基体的直接作用，使钢不再被氧化。

（2）热强性高

在高温下钢的强度较低，当受一定应力作用时，会发生蠕变（变形量随时间增加逐渐增大的现象）。由于材料在高温下，其晶界强度低于晶内强度，晶界成为薄弱环节，金属在高温下强度降低，主要是扩散加快和晶界强度下降的结果。提高高温条件时金属强度最重要的方法是合金化，可通过加入钼、锆、钒、硼等晶界吸附元素，降低晶界表面能，稳定和强化晶界。

2. 常用耐热钢

根据热处理特点和组织的不同，耐热钢分为珠光体型、奥氏体型、马氏体型和沉淀硬化型四种。

（1）珠光体型耐热钢

常用珠光体型耐热钢有 16Mo、15CrMo 和 12CrMoV，使用温度较低，一般为 350～550℃，主要用于制造锅炉、化工压力容器、热交换器、汽阀等耐热构件。

（2）奥氏体型耐热钢

常用钢种有 1Cr18Ni9Ti、2Cr21Ni12N、2Cr23Ni13、4Cr14Ni14W2Mo 等，这类钢除含有大量的 Cr、Ni 元素外，还可能含有含量较高的其它合金元素，如 Mo、V、W 等。这类钢一般要进行固溶处理，也可通过固溶处理、时效处理提高其强度，化学稳定性和热强性都比铁素体型和马氏体型耐热钢强，工作温度可达 750～820℃。当工作温度在 600～700℃时，应选用耐热性好的奥氏体型耐热钢制造比较重要的零件，如燃气轮机轮盘和叶片、排气阀、炉用部件等。

（3）马氏体型耐热钢

常用钢种为 1Cr13、2Cr13、4Cr9Si2、1Cr11MoV 等，这类钢含有大量的 Cr，抗氧化性及热强性均高，淬透性好。经淬火后得到马氏体组织，高温回火后组织为回火索氏体组织。马氏体型耐热钢的使用温度在 550～600℃之间，可以用于汽轮机叶片和汽油机或柴油机的气阀等。

（4）沉淀硬化型耐热钢

钢种有 0Cr17Ni7Al、0Cr17Ni4Cu4Nb，经固溶处理加时效处理后抗拉强度可超过 1000MPa，是耐热钢中强度最高的一类钢，主要用于高温弹簧、膜片、波纹管、燃气透平压缩机叶片、燃气透平发动机部件等。

六、高温合金

高温合金，又称超合金、耐热合金，可在600～1100℃温度下承受一定应力，抗氧化，抗腐蚀，以镍、铁或钴为基体的金属材料。高温合金是制造航空和航天发动机关键部件不可或缺的材料，也是兵器、电力、石油、化工等工业领域所需的重要材料。在先进的航空和航天发动机中，高温合金是制造航空和航天发动机热端部件的关键材料，其用量占发动机总重量的80％。

中国的高温合金已基本形成自己的体系和研制生产基地，主要形成了以抚钢、上钢五厂、长钢三厂和齐齐哈尔钢厂等为主体的变形高温合金基地和以航空发动机制造公司、精密铸造厂为主体的铸造高温合金生产基地。目前，年生产能力达1万多吨，可生产棒、盘、板、丝、带、环、管材及精密铸件。

七、铝合金

1. 铝合金的生产

通过向铝中加入适量的某些合金元素，并进行冷变形或热处理，可大大提高其力学性能，其强度甚至可以达到钢的强度指标。

铝合金的屈服强度可达400～700MPa，可用于制造承受较大载荷的机器零件和构件。目前，铝中加入的合金元素主要有Cu、Mg、Si、Mn、Zn和Li等，由此得到多种不同应用的铝合金。

2. 铝及铝合金的特点

（1）密度小

纯铝的密度为$2.7g/cm^3$，仅为铁的1/3。铝合金的密度与纯铝相近，强化后铝合金与低合金高强钢的强度相近，铝合金的比强度要比一般高强钢高许多。

（2）优良的理化性能

铝合金的导电性好，仅次于银、铜和金，在室温时的导电率约为铜的64％。铝及铝合金有相当好的抗大气腐蚀能力，铝及铝合金磁化率极低，接近于非铁磁性材料。

（3）可加工性能良好

铝及退火状态下的铝合金塑性很好，可以冷成形，切削性能很好，铸铝合金的铸造性能也极好，还可通过热处理获得很高的强度。

八、镁合金

1. 镁及镁合金的特点

镁合金的优点是密度小，比强度、比模量高，抗震能力强，可承受较大的冲击载荷，并且其切削加工和抛光性能优良；但镁的化学性质很活泼，抗腐蚀性能差，熔炼技术复杂，冷变形困难，缺口敏感性大，因而阻碍了其发展。而镁合金的最大缺点是耐蚀性差，使用中要采取防护措施，如氧化处理、涂漆保护等。镁合金也容易燃烧，若发生燃烧时只能用沙子覆盖，不能用水或二氧化碳灭火器去扑灭。

2. 镁合金的性能

（1）比强度高

镁合金的强度一般为 $200\sim300\mathrm{MPa}$，远不如其它合金，但镁合金的比重只有 $1.8\mathrm{g/cm^3}$ 左右，故其比强度仍与结构钢相近。

（2）具有较好的减震能力

镁合金能承受较大的冲击或震动载荷。因此，飞机起落架轮毂采用镁合金制作。

（3）具有优良的切削加工性

镁合金硬度低、导热性高，可采用高速切削，加工表面光洁度好且刀具磨损小。

3. 常用镁合金

目前航空上使用的变形镁合金有 MB1、MB2、MB3、MB8 和 MB15 等数种。其中 MB3、MB8 属于中等强度，MB15 属于强度较高的变形镁合金，MB1、MB2 则属于塑性较好的变形镁合金。变形镁合金常用来制作飞机蒙皮、翼肋、油箱、发动机罩等。

航空上使用的铸造镁合金有 ZM1、ZM2、ZM3 和 ZM5 四种．其中 ZM1 是飞机上使用最多的一种镁合金。ZM5 是含有铝、锌、锰的铸镁合金，具有良好的铸造性和高的比强度；不但可铸还可焊接，用于制作飞机、发动机、仪表及其它结构的高负荷零件，如飞机刹车毂、增压机匣、操纵杆等。

九、钛合金

1. 钛合金的种类

为了进一步提高强度，可在钛中加入合金元素。钛的内部显微组织在常温下为密排六方结构即 α 型，在高温下转变为体心立方结构即 β 型，添加不同的元素并进行热处理就可以获得不同性质的钛合金。合金元素溶入 $a\text{-}Ti$ 中形成 α 固溶体，溶入 $\beta\text{-}Ti$ 中形成 β 固溶体。铝、碳、氮、氧、硼等元素使同素异晶转变温度升高。称为 α 稳定化元素；而铁、钼、镁、铬、锰、钒等元素使同素异晶转变温度下降，称为 β 稳定化元素。锡、锆等元素对转变温度影响不明显，称为中性元素。

根据使用状态的组织，钛合金可分为三类：α 钛合金、β 钛合金和 $\alpha+\beta$ 钛合金。牌号分别以 TA、TB、TC 加上编号表示，如 TA4～TA8 表示 α 型钛合金，TB1～TB2 表示 β 型钛合金。

2. 钛合金的性能特点

（1）比强度高

钛合金密度小、重量轻，但其比强度大于超高强度钢。

（2）热强性高

钛合金的热稳定性好，在 300~500℃条件下，其强度约比铝合金高 10 倍。

（3）化学活性大

钛可与空气中的氧、氮、一氧化碳、水蒸气等物质产生强烈的化学反应，在表面形成 TiC 及 TiN 硬化层。

（4）导热性差

钛合金导热性差，钛合金 TC4 在 200℃时的热导率为 8.79W/(m·℃)，304 不锈钢在 200℃时的热导率为 19W/(m·℃)；在常温下，钢的热导率为 36~54W/(m·K)，金的热导率为 317W/(m·K)，银的热导率为 429W/(m·K)，纯铝的热导率为 237W/(m·K)。

第二节　航空器材料腐蚀磨蚀及其防护技术

一、飞机材料的腐蚀

飞机在使用过程中会遇到各种环境因素。如化学因素（主要是各种腐蚀介质环境）、噪声环境、热环境等。飞机所处的环境比一般机械更为恶劣，材料所遭受的侵蚀情况更为复杂，破坏程度也更为严重。飞机在这些因素的作用下，其零件材料、结构都会产生一定的破坏，影响其使用寿命。随着飞行速率的提高，这些因素的影响也更加严重、更加复杂化。

目前飞机的服役期一般都在 20 年以上，从飞机的整体情况来看，飞机结构腐蚀比机械疲劳问题更为严重。在航空史上，屡屡发生因腐蚀问题造成的飞行事故。

腐蚀不仅直接影响到飞行安全，还给机务维修工作带来很大负担，同时还带来高额的维修费用，降低了飞机的服役期限。一般来说，用于飞机结构维修的费用是昂贵的。据国际航空运输协会报告统计，由于腐蚀导致的飞机定期维修和结构件更换费用为每小时 10~20 美元。美国空军每年用于与腐蚀有关的检查及修理费用多达 10 多亿美元，约占其总维修费用的 1/4。而一家英国航空公司，老龄波音飞机的防腐费用已占整个结构维修费用的一半。

飞机与其它机械产品一样，除了在设计和工艺制造等方面要保证材料和结构具有很好的耐腐蚀破坏的能力以外，还必须研究零部件的表面处理方法，以进一步提高耐蚀性能，从而使其能在各种工作条件下安全、可靠地工作。

二、航空材料腐蚀类型

航空器包括很多不同种类的航空材料，这些材料所处的工作环境各不相同，导致对航空材料产生腐蚀的原因也是多种多样的。腐蚀类型可分为以下几种。

1. 电化学腐蚀

电位差与电解质溶液是形成电化学腐蚀的两个基本条件。在飞行器的结构之中，不同的结构承担的功能不同，所使用的材料性质也不同。比如，飞行器的表面材料大多使用具有优良延展性、相对强度低的铝合金材料；起落架及龙骨梁则选用强度高的合金钢材料。

材料不同导致其电极电位也不同，如果它们接触就有产生腐蚀的隐患。即使是同种类的材料，由于其内部杂质的存在或其自身就是由不同电极电位的多相组成，故也存在着腐蚀隐患。因此从航空材料的构成来说，可能存在着电化学腐蚀问题。

作为中远程运输的交通工具，飞行器工作的特点直接决定了它的工作环境的变化要大于其它交通工具。飞机在工作中经常穿越温度、湿度相差很大的地带，尤其是我国幅员广阔，有亚热带及热带湿润型气候，航空材料难以避免地要在潮湿的环境中工作，还会因为昼夜温差的变化，在结构中积水。空气里的二氧化碳、二氧化硫等气体包附在航空材料的表面，发生电离而产生电解质溶液，使航空材料产生吸氧腐蚀现象。同时飞行器内部有大量连接间隙，形成电化学腐蚀蔓延。

2. 承力结构应力腐蚀

承力结构应力腐蚀是指应力与腐蚀环境的共同作用对材料的破坏方式。应力腐蚀只会发生在特定腐蚀环境与材料体系之中，它的特点是造成破坏的静应力大大低于材料屈服强度，断裂形式是不产生塑性变形的脆裂，拉应力是其主因。

以飞机起落架应力腐蚀为例，起落架是飞行器的主要受力结构之一，当飞行器停放时，起落架轮轴受到拉应力的作用，可能在腐蚀介质下产生应力腐蚀现象。起落架的材质通常为镀铬高强钢，其强度高、耐磨损，但较脆，易在飞行器的起降过程中由于负荷突变而出现缺陷掉落从而失去效果。清洗、结露等会使起落架轮轴积水，其杂质也容易在起降或清洗时附在轮轴位置，形成应力腐蚀溶液，从而造成应力腐蚀。

在飞行器上易产生应力腐蚀的部位还有：厨房、厕所下方区域，这些区域湿气的长期聚集，容易出现腐蚀；机身顶部，由于冷凝水聚集作用，再加上受拉伸应力，易产生应力腐蚀；机身下部、舱门口、厨房、货舱附近的部位易出现腐蚀；框架、桁条、止裂带及机身蒙皮，在应力、湿气双重作用下，产生蒙皮鼓包、变形、丢失紧固件，易出现裂纹；压力隔框，腐蚀经常出现于位置较低部位，尤其是排水设施及未维护的部位；大翼及安定梁，对梁上各种位置腐蚀的探测、修理非常困难。

3. 发动机的高温腐蚀

（1）发动机腐蚀的形式

发动机的主要腐蚀表现形式是高温氧化腐蚀。推力大、效率高、油耗低、寿命长是航空发动机发展趋势。只有对涡轮进口燃气温度进行提升，才能提供需要的增压比与流量比，实现提升推力的同时降低油耗。所以发动机的涡轮叶抗高温腐蚀的性能非常关键。

（2）发动机防腐方法

对此会采取以下几种方法进行防护：在保障性能前提之下，提高叶片本身熔点和高温抗氧化的能力；使用与基体材料具有良好亲和力、高温性能佳的保护涂层；采用气冷技术，令冷却的空气在涡轮叶片表面构成保护型气膜。

（3）镍基超合金技术

镍基超合金是当前在航空航天领域中发展最成熟、应用最广泛的材料。它具备优良的综合机械性：高温时的强度、室温的韧性及抗氧化性能，但它的极限应用温度为1100～1150℃，达其熔点85%，再提升其使用温度潜力较小。

新型高温结构的材料使用温度要达至少1600℃，铌、钼基硅化物合金因其在高温强度与低温损伤的容限良好平衡，而显示出巨大的发展前景，可代替目前的镍基合金材料。所以最近几年国内外将铌、钼基结构的材料作为研发涡轮叶片继承材料的主方向。

（4）涂层新技术

在涂层保护领域，目前大多使用等离子喷涂技术、渗铝或硅涂涡轮。在我国航空用发动机行业，用等离子喷涂技术制作热障涂层的技术已经在新型航空用发动机涡轮叶片与隔热屏等部件上被成功应用，同时渗铝、硅技术由于工艺简单、与新材料亲和力高也得到了相应的大发展。

（5）防腐设计新技术

好的气冷设计可以在现有材料基础之上对叶片表面温度进行有效降温，但因冷却必须在叶片的内部进行气道设计，并在叶片表面布置相当数量的气孔，不但要合理规划分布气道。还要对叶片实施相对复杂的强度实验与设计。

4. 意外腐蚀

飞行器在工作中还会遇到意外腐蚀的情况，这种情况与飞行器本身材料、设计、工作环境没有关系，是人为原因造成的。比如机上承载强腐蚀性物质，发生泄漏而造成飞行器发生腐蚀。通过编制详细的操作流程与有关部门加强监督管理，制定相应的强制性规定规范，并由专人负责落实，可以避免人为因素造成的腐蚀现象。

三、高温磨蚀防护技术

航空发动机热端部件服役环境恶劣，往往遭受机械载荷、高温、腐蚀、冲蚀等多种耦合作用。目前先进航空发动机热端部件无一例外地采用高温防护涂层以提高高温部件的使用温度，延长部件服役寿命，提高发动机效率。针对热端部件具体的服役环境特点，合理地设计和选择高温防护涂层体系对于提高发动机性能具有重要意义。长期以来，为了不断提高发动机的性能（高推重比、低油耗），要求不断提高涡轮进口燃气温度。

涡轮叶片（包括导向叶片、工作叶片）长期经受高温燃气的冲击和侵蚀，这对涡轮叶片材料提出了严峻的要求。在这种恶劣环境下使用的金属材料构件既要有优异的高温力学性能（蠕变性能、持久性能、疲劳性能、韧塑性能等），又要具备良好的抗腐蚀性能。单靠改进合金很难同时解决这两个问题。一般的设计原则是：选择高温强度足够高的合金作为基体提供部件所需的力学性能，表面施加防护涂层提供抗高温氧化和耐热腐蚀能力。

高温防护涂层对于提高发动机材料的耐温性能进而提高航空发动机的总体性能具有举足

轻重的作用。目前，铝化物涂层、改性铝化物涂层、MCrAlY 涂层及热障涂层在航空发动机上均得到广泛应用。随着高性能、长寿命新型机种的研制开发，高温环境下涂层与基体材料相互作用愈来愈强烈，在选择涂层时应将涂层与基体作为一个整体来考虑。加强新型高温防护涂层的制备方法、涂层服役过程中微观组织结构变化及寿命预测等方面的应用研究，对大幅提高航空发动机综合性能和服役寿命具有重要意义。

1. 铝化物涂层

铝化物涂层是在工业上应用最早且应用范围最广的高温防护涂层。它是经扩散渗铝而在基体表面形成的 β-NiAl、β-CoAl 或 FeAl 等金属间铝化物，这些富 Al 的金属间化合物氧化时会形成保护性的 Al_2O_3 膜，从而为基体提供良好的保护作用。

铝化物涂层最早由 Van Aller 提出并最先采用粉末包埋技术制备。之后人们陆续发展了热浸渗铝、料浆渗铝、气体渗铝、电泳渗铝、电解渗铝、化学气相沉积（简称 CVD）等渗铝方法。铝化物涂层的结构和沉积速率取决于渗剂中铝的活度、渗铝温度、基材成分及后处理工艺等因素。以镍基高温合金上渗铝涂层为例，在相对较低的温度范围，如 $700\sim800℃$ 时，铝的活度比镍的活度高，渗铝过程中铝通过初始形成的 NiAl 表层向内扩散的速率高于镍向外扩散的速率，涂层的生长主要靠 Al 的内扩散，由此形成内扩散型涂层，又称高活度渗铝（HALT）。这种涂层由 Ni_2Al_3 相或 Ni_2Al_3＋NiAl 相组成，使用前应先经高温扩散处理使 Ni_2Al_3 相转变成 NiAl 相。

2. 改性铝化物涂层

改性铝化物涂层可以明显提高简单渗铝涂层的抗高温腐蚀性能，包括降低氧化膜生长速率，提高氧化膜黏附性和延长涂层的防护寿命等。目前已经发展了 Al-Cr、Al-Si、Al-R.E.（稀土）、Al-Ti、Al-Ta、Al-Pt 等改性铝化物涂层。

在改性铝化物涂层中，Pt 改性铝化物涂层的改善效果最显著。Pt 有助于减少氧化膜/涂层界面孔洞的形成，吸附界面处的 S，抑制合金中的 Ti、Ta 等元素向涂层中扩散，从而改善 Al_2O_3 膜的黏附性，使其在氧化过程中不易剥落。

此外，Pt 能促进 Al 的选择性氧化，使涂层形成生长缓慢的纯 Al_2O_3 膜。该涂层的制备工艺一般是：首先通过电镀或物理气相沉积等方法在基体合金上制备一定厚度的 Pt，然后进行退火处理。退火后再进行渗铝，从而形成 Pt 改性的铝化物涂层。

依据不同的工艺条件，所获得的涂层有两种结构类型：一种是单一的 $PtAl_2$ 相，这种涂层较脆；另一种为 $PtAl_2$＋NiAl 双相组成。这两种涂层都已应用在工业燃气轮机叶片的表面防护上。

3. MCrAlY 包覆涂层

扩散涂层（铝化物涂层和改性铝化物涂层）的成分不容易按照要求控制，涂层对基体合金的机械性能影响很大。

MCrAlY（M 表示 Ni、Co、Fe 或其组合）包覆涂层克服了这个缺点，它利用各种物理（喷涂、多弧离子镀、溅射、电子束物理气相沉积等）或化学（复合电镀）的沉积手段在合金表面直接制备。通过调整 MCrAlY 涂层成分可以实现抗氧化型涂层和耐热腐蚀型涂层，满足不同的工作环境和不同基体合金的需要，从而实现按要求控制 MCrAlY 涂层的成分和厚度，使之兼顾抗氧化、耐腐蚀性能与力学、机械性能，满足不同的使用工况，MCrAlY 包覆涂层作为高温防护涂层材料或热障涂层的黏结底层材料得到了广泛的研究和应用。

4. 热障涂层

热障涂层一般由导热系数低的陶瓷面层和金属黏结底层构成。目前广泛使用陶瓷面层质量分数为 $7\%\sim8\%Y_2O_3$ 部分稳定的 ZrO_2（YSZ）作为热障涂层的陶瓷层材料。

金属黏结层的主要作用是改善陶瓷面层和基体合金的物理相容性及提高基体的抗氧化性能，它的成分多为 MCrAlY。在实际工作环境中，热障涂层的黏结层/陶瓷层界面将形成一个热生长氧化层（Thermally Grown Oxides），其主要成分为 $\alpha\text{-}Al_2O_3$，抑制氧元素向涂层内部扩散，起到保护基体的作用。

目前，通过内通道冷却和热障涂层（厚度 $100\sim500\mu m$）的使用，可以使高温合金表面温度大大降低（$100\sim300℃$），从而使现代航空发动机轮机可以工作在高温合金的熔点温度以上，提高了效率和性能。

最近，一些其它的低热导率陶瓷材料，如具有萤石结构的氧化物，以及具有烧绿石结构的氧化物，被认为可能作为新型热障涂层中陶瓷面层的候选材料，但都处于研究阶段，真正将其用于热端部件的防护涂层还需克服许多问题。

5. 高温防护涂层的新进展

为了克服前述高温防护涂层的一些弱点，人们就新型防护涂层进行了广泛研究并得到了许多有意义的结果。

（1）高温合金微晶涂层

高温合金微晶涂层可以采用与基体合金成分完全相同的微晶进行自防护，从而避免了传统涂层的一些缺点。

（2）搪瓷涂层

搪瓷涂层就是在金属表面通过高温涂烧一层或多层不透明的非金属无机材料（涂层），搪烧时金属和无机材料（搪瓷釉）在高温下发生物理化学反应，在界面形成化学键，使涂层（无机材料）与基体材料（金属基体）牢固结合。

搪瓷涂层的热膨胀系数可调，且热化学稳定性高、结构致密、抗腐蚀能力优异；同时，涂层制备工艺简单，成本低，具有很好的开发前景。

（3）智能涂层

在工业高温腐蚀环境里，涂层可以对环境做出最优化响应或调整，以使单一涂层可在宽广温度范围或不同介质中具有抗多种类型腐蚀的能力。

（4）功能梯度涂层

传统的基体/涂层体系中，不同材料之间的热学参数与力学参数是突然变化的，在热循环载荷作用下界面附近会产生严重的热失配，从而造成应力集中进而使涂层体系沿界面开裂而失效。功能梯度涂层就是在这样的应用背景下开发出来的一种新型多元复合涂层。

四、其它防腐新技术

1. 三维激光堆焊技术

由于必须经受高转速、高压、高温等苛刻的工作环境，航空发动机零部件在服役一段时间后会出现磨损、磨蚀变形、开裂等损伤而无法继续正常使用，重新制造并更换这些被判定为失效的零部件将给用户造成巨大的经济损失和时间损失。

三维激光堆焊技术作为一项先进的修复技术，能够实现损伤零件的高性能、快速响应修复。和传统氩弧焊等修复工艺相比，由于具有零件本体变形小、热能响区小、修复后零件性能几乎无损失等特点，近年来该技术成为制造领域的研究热点并在航空发动机制造与大修中逐步开始获得应用。

针对航空发动机叶片与热端部件的修复，影响三维激光堆焊技术获得工程应用的关键问题包括以下几点。

① 基于叶片损伤部位三维反求与重建数模的叶型精确堆焊与加工。

② 叶片本体与修复区界面处受热后裂纹。

③ 定向凝固叶片/单晶叶片修复区组织的选择与控制。

④ 激光修复后残余应力的消除及零部件本体的变形控制。

2. 喷射电沉积法

采用喷射电沉积法在发动机气缸上制备 Ni-P 合金镀层，并用电化学极化曲线方法和交流阻抗技术对比研究镀有 Ni-P 合金的发动机气缸在 50g/L 的 NaCl 溶液中不同时刻的腐蚀规律和腐蚀机理。

结果表明：随着浸泡时间的增加，原始氧化膜减薄，膜层下的 Ni-P 合金暴露在溶液中产生活性溶解，随后电极表面有腐蚀产物聚集，阻碍腐蚀的进行。腐蚀过程由活化控制转变为镀层和腐蚀产物内的扩散控制，电喷镀所得 Ni-P 镀层在 NaCl 溶液中的耐腐蚀性能约是传统电沉积的 5 倍左右，发动机气缸电喷镀 Ni-P 合金镀层后具有良好的耐蚀性。

五、耐高温材料

为进一步改善航空发动机的性能，有效地提高发动机推重比，将采用耐高温材料取代金属材料应用在航空发动机上。耐高温材料具有良好的高温强度和高温抗氧化性等综合性能，使得它们能够作为极端环境下使用的候选材料。

目前使用的耐高温材料有高温合金、钛合金、金属间化合物、难熔金属、金属陶瓷材料和复合材料等。

1. 高温合金

高温合金具有优异的高温强度、良好的抗氧化和抗热腐蚀性能、良好的疲劳性能和断裂韧性等综合性能，已成为航空发动机涡轮叶片、导向叶片、涡轮盘等高温部件的关键材料。

（1）粉末涡轮盘高温合金

粉末涡轮盘高温合金由于具有组织均匀、晶粒细小、屈服强度高、疲劳性能好和偏析少等优点，成为制备推重比达 8 以上的高性能发动机涡轮盘等关键部件的优选材料，可以满足应力水平较高的发动机的使用要求。我国成功研制出发动机规格的粉末涡轮盘材料 FGH4095 和 FGH4096，性能也达到了标准的要求。

FGH4095 合金 650℃时拉伸强度达 1500MPa，1034MPa 应力下持久寿命大于 50h，是当前在 650℃工作条件下强度水平最高的一种盘件粉末冶金高温合金。

（2）单晶高温合金

单晶高温合金在 950～1100℃温度范围内具有优良的抗氧化、抗热腐蚀等综合性能，成为高性能先进航空发动机高温涡轮叶片的主要材料。

我国研制了 DD402、DD406 等单晶合金。其中第一代单晶合金 DD402 在 1100℃、130MPa 应力下持久寿命大于 100h，适合制作工作温度在 1050℃以下的涡轮叶片，是国内使用温度最高的涡轮叶片材料；第二代单晶合金 DD406 含 2％Re，使用温度可达 800～1100℃，正在先进航空发动机上进行使用考核。

2. 镍基超合金

航空发动机用高温合金中，镍基高温合金比重达到 55％～65％。

镍基超合金具有良好的高温蠕变特性、高温疲劳特性以及抗氧化、抗高温腐蚀等综合性能，满足了高推重比先进发动机的使用要求。为了使涡轮机叶片能够承受远超过 Ni 熔点的温度，除了升高 Ni 基超合金的使用温度外，还在基体表面涂敷绝热层（TBC），以及采取冷却措施等降低基体温度。

3. 钛合金

（1）钛合金的特点

钛合金因具有强度高、耐蚀性好、耐热性高等优点而被用于制作飞机发动机压气机、风扇的盘件和叶片等零件，可以较明显地减轻发动机的质量，从而提高发动机的推重比。在先进发动机上钛合金的用量仅次于高温合金，占发动机总质量的 25％～40％。

（2）钛合金在航空器结构中的应用

钛比钢密度小 40％，而钛的强度和钢的相当，这可以提高结构效率。同时，钛的耐热性、耐蚀性、弹性、抗弹性和成形加工性良好。由于钛具备上述特性，钛合金从一出现就应用于航空工业。1953 年，美国道格拉斯公司出产的 DC-T 机发动机防火墙和短舱上首次使用钛材，钛合金开始应用于航空的历史。航天飞机是主要的、应用范围广的航空器。钛是飞机的主要结构材料，也是航空发动机风扇、压气机轮盘和叶片等重要构件的首选材料，被誉为"太空金属"。飞机越先进，钛用量越多，如美国 F22 第四代机用钛含量为 41％（质量分数），其 F119 发动机用钛含量为 39％，是目前用钛含量高的飞机。钛合金研究起源于航空，航空工业的发展也促进了钛合金的发展。

20 世纪 50 年代，军用飞机进入超音速时代，原有的铝、钢结构已经不能满足新的需求，钛合金在这个时候进入了工业性发展阶段。钛合金因其密度小、比强度高、耐蚀、耐高温、无磁、可焊、使用温度范围宽（-269~600℃）等优异性能，而且能够进行各种零件成形、焊接和机械加工，在航空领域很快得到广泛应用。20世纪50年代初期的军用飞机上开始使用工业纯钛制造后机身的隔热板、机尾罩、减速板等受力较小的结构件。20世纪60年代，钛合金进一步应用到飞机襟翼滑轨、承力隔框、中翼盒形梁、起落架梁等主要受力结构件中。到20世纪70年代，钛合金在飞机结构上的应用，又从战斗机扩大到军用大型轰炸机和运输机，而且在民用飞机上也开始大量采用钛合金结构。

进入20世纪80年代后，民用飞机用钛逐步增加，并已超过军用飞机用钛。飞机越先进，钛用量越多。空客A380飞机上的钛材使用量已达10%，钛材已经成为现代飞机不可缺少的结构材料。

（3）钛合金在航空器发动机中的应用

发动机是飞机的心脏。发动机的风扇、高压压气机盘件和叶片等转动部件，不仅要承受很大的应力，而且要有一定的耐热性。这样的工况条件对铝来说温度太高；对钢来说密度太大。钛是最佳的选择，钛在300~650℃温度下具有良好的抗高温强度、抗蠕变性和抗氧化性能。同时，发动机的一个重要性能指标是推重比，即发动机产生的推力与其重量之比。早期发动机的推重比为2~3，现在能够达到10。推重比越高，发动机性能越好。使用钛合金替代原镍基高温合金可使发动机的质量降低，大大提高飞机发动机的推重比。钛在飞机发动机上的用量越来越多。在国外先进航空发动机中，高温钛合金用量已占发动机总质量的25%~40%，如第3代发动机F100的钛合金用量为25%，第4代发动机F119的钛合金用量为40%。

航空发动机部件要求钛合金在室温至较高的温度范围内具有很好的瞬时强度、耐热性能、持久强度、高温蠕变抗力、组织稳定性。β型和近β型钛合金尽管在室温至300℃左右具有高的拉伸强度，但在更高的温度下，合金的蠕变抗力和耐热稳定性急剧下降，所以β型钛合金很少用于飞机发动机。α型和近α型钛合金具有良好的蠕变、持久性能和焊接性，适合于在高温环境下使用。$\alpha+\beta$型钛合金不仅具有良好的热加工性能，而且在中高温环境下具有良好的综合性能。因此，α型、近α型和$\alpha+\beta$型钛合金被广泛应用于航空发动机。

第三节　航空铝合金的腐蚀机理及影响因素

一、航空铝合金的腐蚀

1. 航空设施的运行环境

飞机的腐蚀有多种原因，而水是很重要的腐蚀介质，飞机不管是在飞行中还是露天停靠就会与水有直接或者间接的接触，比如在沿海地区的海水飞溅、海水大气凝结、陆地上的平地水分蒸发或者飞机在起飞过程中直接的飞溅水等，可以说飞机机身与水的接触是不可避免的。

飞机的自身条件也能引起飞机结构的腐蚀，例如：飞机连接处的缝隙中没有经过保护的表面、不同材料接触中的不同电极电位的存在、飞机在使用者或者维修时对表面造成的伤害划痕等。

2. 铝合金材料的腐蚀

从飞机蒙皮和挤压型材腐蚀的部位以及条件等因素来看，缝隙腐蚀是造成飞机铝合金结构腐蚀的最初原因，而晶间腐蚀是飞机铝合金结构腐蚀的最终结果。其腐蚀的过程为：水和缝隙发生化学反应最终生成 $Al(OH)_3$，由晶界朝着水平方向、厚度方向发展；挤压型材发生腐蚀主要由于环形缝隙中有凝结水而凝结水中又含有浓度较高的氯离子，氯离子与保护的表面发生反应产生 $Al(OH)_3$，这种产生的物质不断沉淀，体积膨胀，产生应力反应，又会出现结晶裂纹，再次吸水出现再次反应，最终造成进一步的腐蚀。

3. 电化学腐蚀机理

$$Al \longrightarrow Al^{3+} + 3e^- \tag{6-1}$$

$$O_2 + 2H_2O + 4e^- \longrightarrow 4OH^- （中性/碱性） \tag{6-2}$$

$$2H^+ + 2e^- \longrightarrow H_2(g)（酸性） \tag{6-3}$$

由于原电池作用加速了铝腐蚀，有机或无机阻隔层和钝化剂可避免合金与电解质接触而发生阴极反应，与此同时也抑制腐蚀电子向金属界面的传导；另外，钝化剂（如铬酸盐）形成的不溶性氧化物沉积在腐蚀点，使活性腐蚀点（如晶界、晶族、凹坑、沉淀析出处）减少，从而阻止水、氧或电解质的进一步渗透，降低腐蚀速率。

二、微生物腐蚀

1. 原理

众多腐蚀类型中微生物生命代谢活动参与下的腐蚀称为微生物腐蚀（MIC）。硫酸盐还原菌（SRB）是对金属腐蚀影响较大的菌种。在 SRB 的作用下实验介质中的某些离子和金属构成热力学不稳定体系，继而金属基体发生腐蚀。而 7075-T6 铝合金强度高，但耐腐蚀性能较差，在一些苛刻环境中，氧化膜不能有效保护基体，特别是在微生物存在的情况下铝合金往往会出现不同形式的局部腐蚀现象，在很大程度上限制其使用。

2. 飞机燃油系统中微生物腐蚀危害

飞机油箱发生的微生物腐蚀是较为普遍且较为严重的腐蚀类型之一，这种腐蚀形态具有很大的隐蔽性和很强的危害性。

直接危害：分解环境中的有机碳氢化合物和航煤添加剂，其中 SRB 的代谢活动会引起航煤中硫含量增加，造成油料硫含量超出油品指标；分散于航煤中的微生物代谢产物，会造成油品中的悬浮颗粒增加；微生物代谢活动生成的水也会导致航煤中水含量增高；此外，有些微生物代谢产物容易导致油水乳化，使细胞进入油相生成黏泥团。

间接危害：引起管道、储罐和引擎等发生腐蚀，堵塞管道、过滤器和阀门等部件；引发机器故障和油表失灵，造成喷油器污染；由储罐微生物腐蚀引起的燃油泄漏，会造成环境的污染等问题。

3. 影响因素

（1）pH 值

油水体系接种 SRB 后，pH 值由 7.39 下降至 6.74。SRB 可以在铝合金表面附着、生长并形成不均匀生物膜，膜内 SRB 代谢产生的 S^{2-} 可破坏铝合金钝化膜，引发点蚀，使钝化膜电阻 R_f 逐渐减小。加速腐蚀。

（2）附着物

氮气环境中，SRB 加速铝合金的腐蚀过程，铝合金表面附着物较少、蚀孔明显，随着浸泡时间延长，蚀孔面积、深度变大。通氧气的体系中，铝合金表面附着物较多，此附着物含有较多的 C、O 元素。

（3）温度

铝合金在接种 SRB 的实验组浸泡后，温度较低时微生物成团附着在基体表面，温度升高为 30℃时，SRB 活性增大，破坏铝合金钝化膜使基体裸露后发生点蚀，腐蚀反应电荷转移电阻 R_{ct} 最小，腐蚀电流密度 I_{corr} 最大。实验组中腐蚀产物主要有 Al、O、C、S、Mg、Cl 等元素，比空白组多了 S 元素，且温度较高时，S 含量增大，O 含量反而较低。

三、点蚀

1. 点蚀的萌生机理

铝合金材料除了基体铝元素外，还含有大量其它粒子元素。国内外主要的航空铝合金材料的结构成分详见表 6-1，其组成元素除 Al 元素外，还包括 Cu、Fe 等少量元素。相关研究表明，点蚀萌生是电化学腐蚀过程产物，即在腐蚀环境下铝离子逐渐溶解，点蚀萌生。点蚀通常从微观粒子处萌生。

表 6-1　国内外主要航空铝合金材料的结构成分　　　　单位：%

合金类型	Cu	Mg	Mn	Zn	Si	Fe	Cr	Ca	Al
LY12	4.326	1.45	0.4846	<0.2	0.3194	0.2817	<0.1	<0.1	The others
2024	4.188	1.2317	0.5345	<0.2	<0.3139	0.2050	<0.1	<0.1	The others

2. 点蚀扩展模型

腐蚀环境下随时间延续点蚀逐渐扩展。目前普遍的认识是铝合金点蚀遵循法拉第定律、并按常体积变化率进行扩展，结合阿赫尼斯公式（Arrhenius），假设点蚀蚀坑形状为半球型，则得到点蚀扩展模型为

$$\frac{dV}{dt} = \frac{MI_P}{nF\rho} = \frac{MI_{Po}}{nF\rho}\exp(-\frac{E_a}{RT}) \tag{6-4}$$

$$I_P = I_{Po}\exp(-\frac{E_a}{RT}) \tag{6-5}$$

$$V = \frac{2}{3}\pi a^3 \tag{6-6}$$

$$\frac{da}{dt} = \frac{da}{dV} \cdot \frac{dV}{dt} = \frac{1}{2\pi a^2}\frac{dV}{dt} = \frac{1}{2\pi a^2}\frac{MI_P}{nF\rho} \tag{6-7}$$

式中，V 为点蚀蚀坑体积；t 为腐蚀周期；M 为原子量；I_P 为电化学腐蚀过程中电流密度；I_{P0} 为电化学腐蚀过程中电流密度常数；n 为化合价；F 为法拉第常数，$F = 96514C/mol$；ρ 为材料密度；E_a 表示活化能；R 为理想气体常数；T 为绝对温度；a 为点蚀蚀坑半径。

3. 点蚀影响因素

在众多粒子参与点蚀行为的过程中，典型的微观结构影响因素为：铝合金材料微观组成粒子的尺寸（平均半径 a_p）、粒子密度（单位面积内微观组成粒子的平均数量 d_p）以及微观组成粒子元素的类型。由表 6-1 中可见，铝合金内含有多种元素成分，不同元素的粒子与铝基体之间的腐蚀电流不同，因此元素类型同样会影响铝合金点蚀行为。其中 Cu、Fe 粒子对铝而言是强阴极性元素，与铝之间电位差较大，在腐蚀环境中，会极大地加速铝合金点蚀萌生与扩展，因此，这两种元素粒子在铝合金中的含量必须根据需要严格控制。

7075-T6 铝合金属于高强度低密度 Al-Zn-MgCu 合金，是一种在航空航天领域广泛应用的结构材料。实际运行表明：7075 铝合金壁板铆钉孔附近区域的表面涂层容易出现鼓泡、开裂等现象，并发生层状剥蚀特征的严重腐蚀，腐蚀形貌以微裂纹和龟裂为主，腐蚀产物以氢氧化物为主。铆钉孔附近区域表面下方可诱发大量不连续的阶梯状平行的沿晶应力腐蚀裂纹。

四、疲劳损伤

1. 机理

民用航空器在运行过程中需要承受复杂的交变载荷作用，疲劳损伤是影响其寿命的重要因素，同时，航空器还经常面临恶劣的飞行条件，如潮湿空气、盐雾和海水等腐蚀环境，腐蚀环境会加剧结构的疲劳损伤，严重威胁着航空器的运行安全。

油箱作为飞机的重要结构部分，易受到外部雨雪和内部冷凝水的影响而形成油箱积水环境，油箱积水中含有的氯离子、硫酸根离子和金属离子等会造成腐蚀损伤，严重影响材料的疲劳性能和结构的疲劳寿命。

2. 飞机结构承受的交变载荷

（1）机动载荷

机动载荷指由于飞机在机动飞行中，过载的大小和方向不断改变而使飞机承受的气动交变载荷。机动载荷用飞机过载的大小和次数来表示。

（2）突风载荷

突风载荷指由于飞机在不稳定气流中飞行时，受到不同方向和不同强度的突风作用而控制飞机承受的气动交变载荷。

（3）着陆撞击载荷

由于飞机着陆接地后，起落架的弹性引起飞机颠簸加到飞机上的重复载荷称为着陆撞击载荷。

（4）地面滑行载荷

由于飞机在地面滑行时因跑道不平引起颠簸，或由于刹车、转弯、牵引等地面操纵而加到飞机上的重复载荷称为地面滑行载荷。

（5）座舱增压载荷

由于座舱增压和卸压而加给座舱周围构件的重复载荷称为座舱增压载荷。

在以上几种疲劳载荷中，对飞机影响最大的是机动载荷、着陆撞击载荷和地面滑行载荷。

3. 疲劳损伤的特点

以 2E12-T3 铝合金和 7050-T7451 铝合金为例进行疲劳损伤实验得到如下结论。

① 油箱积水腐蚀环境能明显降低材料的疲劳性能。

② 随着应力水平的降低，疲劳载荷的降低使得腐蚀与疲劳载荷交互作用更充分，加剧了油箱积水环境对材料疲劳性能的不利影响。

③ 材料缺口在油箱积水环境下同样对航空铝合金材料疲劳性能产生不利影响。

④ 油箱积水环境下疲劳断口表面粗糙度增加，疲劳源数量增多，导致疲劳裂纹更容易萌生，同时，裂纹尖端发生的电化学反应和氢脆效应加快了裂纹扩展，导致疲劳寿命缩短，疲劳性能降低，此时裂纹扩展以韧脆混合或脆性断裂机制为主，而干燥大气环境下的裂纹扩展则以韧性断裂机制为主。

4. 影响因素

（1）应力集中的影响

大量破坏事例证明：应力集中是影响飞机结构疲劳强度的主要因素，疲劳源总是出现在应力集中的部位，如开孔、开槽、倒角、螺纹等除容易出现疲劳裂纹。

（2）表面加工质量的影响

大量的破坏事例也证明：表面加工质量不高，也是影响飞机结构疲劳强度的重要因素。

（3）装配效应的影响

使用经验和疲劳试验表明，各种装配效应对结构的疲劳强度影响很大。

（4）使用环境的影响

金属受到腐蚀时，将产生"腐蚀疲劳"，使疲劳强度降低，因为腐蚀使金属表面产生无数小的应力集中点，促使疲劳裂纹的形成。

当两个相互接触的固体表面有微小的相对运动时，表面会受到损伤，这就会引起"擦伤疲劳"。

温度对铝合金的疲劳强度也有影响，会产生高温疲劳或低温疲劳。

构件在交变热应力作用下引起的破坏称为"热疲劳"，这种热应力主要来自两方面：①由温度分布不均所引起的；②限制金属自由膨胀或收缩所引起的。热疲劳破坏常常表现为金属表面细微裂纹网络的形成，叫做"龟裂"。

在声环境下工作的构件，因为受到噪音的激励而产生振动，由这种强迫振动引起的破坏，称为"声疲劳"或"噪音疲劳"。

第四节　航空表面涂层技术的应用与发展

一、概述

航空表面涂层技术是航空制造技术的重要组成部分之一。采取一定的表面工程手段在飞行器零部件表面制备具有特定防护或功能涂层，可以使零部件表面具有隔热、减摩可磨耗封严、耐磨防腐蚀、抗高温氧化、吸波隐身等功能。目前，航空表面涂层技术发展最快也是最重要的涂层，包括热障涂层（TBCs）、超高温复合材料（C/C、C/SiC、SiC/SiC）部件表面环境障涂层（EBC）、高温可磨耗封严涂层、WC-Co 及氧化铝钛等耐磨涂层、吸波及红外隐身涂层等技术，涂层的应用大幅度提高了航空产品的性能、可靠性、经济性、服役寿命及战机的生存能力。涂层新材料、新技术的出现在推动表面工程科学发展的同时，也节约了资源、减少了有害物质排放，促进了环境友好型绿色制造，确保了可持续发展战略的落实。

二、航空表面涂层技术的发展现状

航空表面涂层的成熟运用对欧美 F-22、F-35、波音 787、空客 A380、A400M 等新型飞机的商业化起到了重大推动作用。热障涂层、高温可磨耗封严涂层的应用提高了发动机涡轮进口温度、工作效率，节省了燃油。MCrAlY、PtAl 等高温抗氧化涂层的成熟应用提高了发动机高温部件服役寿命，降低了维护成本。飞机起落架超音速火焰喷涂 WC-Co-Cr 涂层代替传统硬铬电镀层，大幅度提高了起落架耐磨性能，寿命成倍延长。

热障涂层是发动机高温部件最重要的防护涂层之一，具有隔热功能，同时具备抗冲蚀、抗高温氧化、防熔盐腐蚀等功能，可大幅度提高燃烧室及涡轮高温部件耐久性、可靠性。图6-1 为机器人自动喷涂发动机部件热障涂层照片。

美国 NASA 有成熟的高温封严涂层可磨耗性能试验系统，开发的 MCrAlY 基合金型高温可磨耗封严涂层可提高涡轮机匣的寿命。国内发动机高温部件用超高温热障涂层、高温抗氧化涂层技术及可磨耗封严涂层技术，近年来得到了快速发展，取得了很多实验室成果，但与国外先进技术相比，仍有很大差距，主要是热障涂层、高温抗氧化涂层、高温可磨耗封严涂层可靠性、使用寿命不足。近年来国内多家大学、科研院所及发动机主机厂开发了多种稀土锆酸盐及稀土铈酸盐类超高温热障涂层，微观上大多呈烧绿石结构或萤石结构，其导热系数明显低于 $Y_2O_3\text{-}ZrO_2$ 传统热障涂层，但其关键技术指标——抗热冲击性能还有待提高。

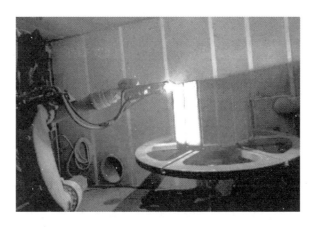

图 6-1 机器人自动喷涂发动机部件热障涂层照片

虽然国内高温封严涂层早已实现工程化应用，但没有建立起高温封严涂层可磨耗性能及可靠性评价标准体系，而涂层发动机试车考核成本高昂，时间漫长、致使高温可磨耗封严层新材料。因其涂层制备新工艺研究进展缓慢，涂层使用寿命仍然明显低于国外同类产品。在飞机耐磨涂层方面，近年来最大的进展是飞机起落架广泛采用超音速火焰喷涂 WC-Co-Cr 涂层代替传统硬铬电镀层，耐磨性及使用寿命大幅增长，并消除了电镀污染。美国纳米集团（Usnanogroup，INC）开发的纳米碳化钴、纳米氧化铝钛涂层推广应用于航空轴类、环类部件，用于耐磨及篦齿封严，涂层具备高硬度、高韧性、高抗弯强度，其耐磨性能远超传统同类涂层，应用前景十分广阔。

三、航空表面涂层技术的新进展

1. 超高温热障涂层

（1）传统 ZrO_2 热障涂层

航空发动机现广泛采用 Y_2O_3 部分稳定 ZrO_2 热障涂层，该涂层的长期工作温度不能超过 1200℃，否则在随后冷却过程中将发生四方相向单斜相相变，该过程中材料体积膨胀约 4%，使涂层开裂剥落失效。为进一步提高燃气涡轮发动机工作温度、延长相关高温部件热循环寿命，新型超高温热障涂层材料成为业界研究热点。由于氧化钇部分稳定氧化锆涂层在 1200℃ 以下表现出优异的热学及力学性能，氧化钇稳定氧化锆理所当然成为研究和开发新型超高温热障涂层材料体系的基础。

北京航空制造工程研究所开发的 Sc_2O_3、Gd_2O_3、Yb_2O_3 三元稀土氧化物复合稳定 ZrO_2 及 Sc_2O_3、Y_2O_3 二元稀土氧化物复合稳定 ZrO_2 热障涂层，工作温度可达 1500℃，为单一四方相结构，长期工作无相变，使热障涂层承温能力提高了 200℃，有望实现工程化应用。SulzerMetco（现为 OerlikonMetco）开发的 Gd_2O_3、Yb_2O_3、Y_2O_3 三元稀土氧化物复合稳定 ZrO_2 工作温度 1500℃ 仍可保持相稳定，涂层热导率明显低于一般热障涂层。多元稀土氧化物复合掺杂 ZrO_2 是超高温热障涂层材料重要发展方向。

（2）新型热障涂层

国内近年开发了系列锆酸镧、铈酸镧或铈锆酸镧热障涂层材料，如 $La_2Ce_2O_7$、$La_2Zr_2O_7$、$Sm_2Zr_2O_7$、$La_2(Zr_{0.7}Ce_{0.3})_2O_7$。为消除热收缩现象还研制了一些成分更为复杂的改性材料，如 $La_{1.8}W_{0.2}Ce_2O_{7.6}$、$La_2Zr_{1.7}Ta_{0.3}O_{7.15}$ 等，这些稀土锆酸盐类化合物大多数呈烧绿石结构、萤石结构或者缺陷萤石结构，其导热系数明显低于稀土氧化物稳定 ZrO_2 热障涂层材料，且抗热冲击性能还有待提高。如将这些锆酸盐类化合物与 Y_2O_3 部分稳定的 ZrO_2 组成双陶瓷层结构热障涂层，则可发挥传统材料热膨胀系数大、断裂韧性高的优点，明显延长热障涂层热循环寿命，同时保留稀土锆酸盐类化合物不发生相变、抗烧结、热导率低、抗腐蚀的优点，这是未来发展使用温度超过 1300℃ 的超高温热障涂层的重要途径之一。不管是采用等离子喷涂（PS）还是电子束物理气相沉积（EBPVD）制备稀土锆酸盐类化合物热障涂层，涂层最终组成往往不同于粉末喂料或靶材，为保持制备的涂层组成符合设计的化学计量比例，粉末或靶材成分设计、沉积工艺过程精确控制十分重要，并将决定最终涂层性能及使用寿命，而使用寿命是其能否成功应用于航空产品的关键所在。

研究表明，CMAS 严重影响热障涂层耐久性及最高使用温度。CMAS 为 CaO、MgO、Al_2O_3、SiO_2 等组成的硅酸盐类物质，CMAS 在约 1250℃ 熔化，它可熔解热障涂层材料，还会浸润热障涂层、通过毛细作用沿孔隙及柱状晶之间间隙渗入热障涂层内部，使热障涂层表面变粗糙、内部变疏松，并在发动机停车冷却循环过程中，CMAS 熔盐凝固成玻璃态物质，其贯穿层模量会上升，热障涂层应变容限将骤降，随后热循环中热障涂层将可能大范围剥落，大幅降低发动机涡轮叶片耐久性，甚至造成涡轮叶片烧蚀而出现灾难性后果。预防 CMAS 腐蚀的方法一般是在热障涂层表面制备一层与 CMAS 熔盐反应形成固态致密层的物质，资料报道含大直径稀土阳离子的萤石或烧绿石结构材料能与 CMAS 熔盐反应形成高熔点固态致密层，可有效阻止 CMAS 进一步贯穿侵蚀。

2. 高温复合材料表面环境障涂层

C/C 复合材料在高温条件下存在严重的氧化和烧蚀问题，C/SiC、SiC/SiC 陶瓷复合材料部件在高温水蒸气环境下存在性能退化及易受 CMAS 熔盐侵蚀问题。环境障涂层（EBC）是为提高 C/C、C/SiC、SiC/SiC 高温复合材料部件环境稳定性的表面防护涂层。EBC 为多层结构，如 C/SiC 复合材料基体表面制备 Si＋莫来石＋BSAS 复合 EBC。EBC 顶层材料至关重要，一般采用 $BaO-SrOAl_2O_3-SiO_2$ 材料（BSAS）。但 BSAS 在 1300℃ 以上环境工作仍然存在化学稳定性问题，BSAS 会与 SiO_2 反应生成一种低熔点玻璃相（熔点低于 1300℃），导致 EBC 在工作温度超过 1300℃ 时过早剥落失效，这就限制了其在更高温度下的使用。

NASAGlenn 研究中心研究表明，一些稀土硅酸盐 $Re_2Si_2O_7$（Re 为 Sc、Lu、Yb、Tm、Er 及 Dy 等）有良好的高温化学稳定性，1500℃ 长期无相变，在 1400℃ 与莫来石化学相容性好，其在 1500℃ 下抗水蒸气腐蚀能力优于 BSAS。但稀土硅酸盐作为 EBC 面层材料，与莫来石热膨胀系数匹配程度不如 BSAS，易在热循环过程中产生裂纹，从而影响涂层可靠性和防护性。现也有在 BSAS 涂层上再沉积稀土硅酸盐 Yb_2SiO_5 涂层，Yb_2SiO_5 涂层可提升 EBC 抗 CMAS 侵蚀能力。

3. 高温可磨耗封严涂层

高温可磨耗封严涂层用于发动机涡轮气路密封，可减小涡轮叶片叶尖与涡轮外环之间的间隙，进而减少气体泄漏、提高发动机效率。一般设计要求在涡轮叶片与封严涂层发生接触刮擦时涂层被刮削而叶片磨损甚小，并且摩擦系数要小，以免刮擦产生的高温造成涂层或叶片烧蚀开裂，因此高温可磨耗封严涂层需具有一定的减摩功能。一般来说，金属基可磨耗封严涂层抗气流冲蚀性能优良，而氧化物陶瓷基可磨耗封严涂层抗气流冲蚀能力相对较差，因此在材料组成及涂层制备工艺参数控制方面必须予以高度关注，以保证涂层使用寿命。近年来，等离子喷涂 MCrAlY 高温合金型（如 NiCrAlY、CoCrAlY、NiCrAlYSi 等）可磨耗封严涂层及陶瓷基（如稀土氧化物稳定 ZrO_2、Al_2O_3 等）可磨耗封严涂层获得了明显进展，涂层可磨耗性能和抗冲蚀性能明显提高。MCrAlY 具有高温抗氧化和抗热腐蚀作用，一般添加聚苯酯作为造孔剂，聚苯酯加热去除后在涂层内留下大量细小均匀分布的孔隙可以降低涂层硬度、增强涂层可磨耗性、减轻涂层对涡轮叶片的磨损。

添加六方 BN 或氟化物作为减摩自润滑材料，降低摩擦系数。高温可磨耗封严涂层厚度一般超过 1.5mm，必须采用机器人自动喷涂技术，喷涂参数计算机闭环控制、涂层厚度在线监测，这样才能保证涂层组织结构及厚度均匀性及再现性。采用纤维增强涂层技术可明显提高封严涂层热循环寿命。

OerlikonMetco 研制的 Dy_2O_3-ZrO_2-hBN-聚苯酯高温可磨耗封严涂层用于航空发动机高压涡轮气路封严，工作温度可达 1200℃，工作寿命比普通 Y_2O_3-ZrO_2-hBN-聚苯酯高温封严涂层提高 4 倍以上。对于 SiC/SiC 陶瓷复合材料（CMC）涡轮部件，在 EBC 的基础上制备多孔 $Yb_2Si_2O_7$ 及 Yb_2O_3、Sm_2O_3 或 Gd_2O_3 等掺杂 ZrO_2 涂层作为可磨耗涂层。

4. 热喷涂陶瓷涂层代替硬铬电镀层技术

因电镀硬铬对环境有持久的危险性，电镀废液中的六价铬更是严重危害人体健康，减少直至取消电镀硬铬工艺意义重大。近年来超音速火焰喷涂（HVOF、HVAF）WC-Co、WC-Co-Cr、Cr_3C_2-NiCr 金属陶瓷涂层、等离子喷涂 Cr_2O_3 及 Al_2O_3-TiO_2 氧化物陶瓷涂层在工业上获得广泛应用，全面取代电镀硬铬工艺已是必然。

HVOF 喷涂 WC-Co-Cr 涂层在空客、波音、洛克希德·马丁等生产的先进军民用飞机（包括空客 A380、波音 787、F-35 等）已成功应用，结果表明 HVOF 喷涂的 WC-CoCr 涂层在耐磨、防腐蚀、抗疲劳等关键性能指标明显优于传统硬铬电镀层。Cr_3C_2-NiCr 涂层广泛用于高温摩擦磨损环境，涡轮导向器篦齿封严采用 HVOF 喷涂 Cr_3C_2-NiCr 硬质涂层（主动磨削涂层）或等离子喷涂 Al_2O_3-TiO_2 陶瓷硬质涂层，具有耐蚀、高温抗氧化、耐磨损等能力。等离子喷涂 Cr_2O_3 陶瓷硬质涂层在发动机密封部件及飞机运转部件磨损防护方面应用广泛，其耐磨性及防腐蚀性比传统硬铬电镀层提高数倍。

5. 纳米涂层

纳米材料技术是 20 世纪 80 年代诞生并仍快速发展的新技术，受到世界各国高度重视。PVD（物理气相沉积）、热喷涂、CVD（化学气相沉积）、MBE（分子束外延）、化学沉积、电沉积等方法是获得纳米涂层或薄膜的典型方法。近 10 年来研究人员利用 PVD（包括磁控溅射、离子束溅射、射频放电离子镀、等离子体离子镀、EB-PVD 等）在制备纳米单层膜及纳米多层膜方面取得很多成果，如纳米 Ti（N，C，CN）、（V，Al，Ti、Nb、Cr）N、SiC、β-C_3N_4、α-Si_3N_4、TiN/CrN、TiN/AlN、WC-Co 薄膜或涂层可用于飞机轴类零件耐磨防腐，等离子喷涂纳米 Al_2O_3-TiO_2 涂层已用于航空发动机气路封严，纳米 Y_2O_3-ZrO_2 涂层已用于涡轮叶片隔热防护，添加石墨烯、碳纳米管复合涂层具有雷达隐身功能。总之，近年来在基础研究和应用开发方面纳米涂层已取得巨大进展，有的已在航空、舰船等产品的防腐、耐磨、隔热、吸波隐身、防海洋生物附着、自清洁等功能涂层上获得应用。

热喷涂是制作纳米涂层的极有竞争力的方法之一，与其它技术相比，具有许多优越性，如工艺简单、涂层材料和基体选择范围广、可制备厚涂层、沉积速率高、涂层成分易控制、容易形成复合功能涂层等，适用于大型零部件。

采用纳米团聚粉末作为热喷涂喂料，通过严格控制工艺参数，缩短纳米材料在焰流中的停留时间、限制原子扩散和晶粒长大，可制备纳米涂层。美国纳米集团英佛曼公司（Inframat Co）开发的等离子喷涂纳米 Al_2O_3-TiO_2 复合涂层与传统 Al_2O_3-TiO_2 涂层相比，耐磨损能力提高 5 倍、抗疲劳能力提高 10 倍、弯曲 180°无裂痕（传统 Al_2O_3-TiO_2 涂层弯曲 180°后开裂剥落）、涂层附着力提高 4 倍，纳米涂层表现出极其优异的性能。

四、新型表面涂层设备

1. 冷气动力喷涂

冷气动力喷涂，简称冷喷涂，根据不同喷涂材料及零件基体，冷喷涂中工作气体可为 N_2 或 He，工作气体温度 200～1100℃、压力 1.0～4.5MPa，将固态粒子加速至 300～1200m/s，与零件基体碰撞发生剧烈的塑性变形而沉积形成涂层，粒子沉积主要靠其动能来实现。冷喷涂可有效避免喷涂粉末材料的氧化、分解、相变、晶粒长大，对基体几乎没有热影响，可用来喷涂对温度敏感的易氧化材料、纳米材料。需特别注意的是冷喷涂对喷涂粉末材料粒度、形态及纯度（如含氧量）要求十分严格，国际上只有少数几家粉末材料供应商可提供冷喷涂粉末货架产品，且价格昂贵。冷喷涂制备 Al、Cu、Cu 合金、Ti、Ta、TiAl、FeAl、AlNi、Ni 合金等涂层非常成功，通过真空扩散热处理可实现冷喷涂涂层与零件基体间冶金结合，结合强度可达 200MPa 以上。图 6-2 为典型高压冷喷涂枪体。

2. 超低压等离子喷涂

超低压等离子喷涂（Plasma Spray-Physical Vapor Deposition，PSPVD）在低压等离子体喷涂（Low Pressure Plasma Spray，LPPS，喷涂时压力为几千帕）基础上，进一步降低真空室的工作压力至几百帕甚至 100Pa 以下，同时大幅度提高等离子喷枪功率，将粉末加热熔化、并有部分汽化，在等离子射流中同时存在气液两相，沉积形成涂层。通过粉末颗粒加热状态控制可获得气相沉积与颗粒沉积的混合组织，既可制备薄膜，也可制备数百微米厚度的涂层。制备的 MCrAlY 涂层孔隙率低，结合强度可达 80MPa 以上，通过扩散处理可进一步提高结合强度。制备的 YSZ 陶瓷涂层呈现类似 EBPVD 的柱状晶结构。

3. 溶液等离子喷涂

溶液等离子喷涂根据液体喂料不同，分为前驱体溶液等离子喷涂（Solution Precursor Plasma Spray，SPPS）和微纳米颗粒悬浮液等离子喷涂（Suspension Plasma Spray，SPS），将液体喂料直接送入等离子焰流在零件表面沉积形成涂层。采用前驱体化合物液体直接喷涂制备纳米结构热障涂层，简化传统纳米氧化锆粉末喷涂涂层制备的复杂工序，可降低材料损耗和工艺过程成本。并且溶液等离子喷涂制备纳米结构热障涂层能有效避免纳米晶粒长大，从而使涂层孔隙细小、分布均匀。美国英佛曼公司采用前驱体化合物液体喂料，采用等离子喷涂设备成功制造带垂直裂纹结构的纳米热障涂层，其热冲击寿命超过 EB-PVD 工艺制备的热障涂层，比传统粉末等离子喷涂工艺制备的热障涂层寿命提高 1 倍以上。

图 6-2　典型高压冷喷涂枪体

第五节　工业机器人材料及其防腐蚀新技术

一、工业机器人及其材料特点

1. 工业机器人

工业机器人是由计算机控制的复杂机器，它具有类似人的肢体及感官功能；动作程序灵活；有一定程度的智能；在工作时可以不依赖人的操纵。随着工业机器人技术的不断发展，机器人不再只是搬运重物的工具，传感器技术的应用让工业机器人变得更加智能，传感器为机器人增加了感觉，为机器人高精度智能化的工作提供了基础。

最常见的工业机器人应用领域就是搬运、点焊、喷涂和弧焊。工业机器人由主体、驱动系统和控制系统三个基本部分组成。主体即机座和执行机构，包括臂部、腕部和手部，有的机器人还有行走功能。

2．工业机器人的材料

工业机器人不同的构件需要采用不同的材料。首先在机器人的钢结构中就必不可少的会有钢材，而有些机器人为了减轻重量就会使用铝材，甚至有些机器人手臂采用的是碳纤维复合材料。

机器人手臂重了则负载及惯量大，轻了则机械强度又会有问题，现在多采用的铝镁合金、碳纤维。工业机器人机械臂材料涉及设计、工艺、选型、加工、装配、钣金、模具、液压等各种层面，还有机械臂电缆寿命这些都是在选材时需要考虑的问题。

二、碳纤维复合材料

1. 碳纤维材料

碳纤维是由有机纤维经过一系列热处理转化而成，含碳量高于90％的无机高性能纤维，是一种力学性能优异的新材料，具有碳材料的固有本性特征，又兼备纺织纤维的柔软可加工型，是新一代增强纤维。

碳纤维是由含碳量较高，在热处理过程中不熔融的人造化学纤维，经热稳定氧化处理、碳化处理及石墨化等工艺制成的。

2. 碳纤维材料的性能

（1）物理性能

碳纤维具有一般碳素材料的特性，如耐高温、耐摩擦、导电、导热及耐腐蚀等，但与一般碳素材料不同的是，其外形有显著的各向异性、柔软、可加工成各种织物，沿纤维轴方向表现出很高的强度。碳纤维比重小，因此有很高的比强度。

（2）化学性能

碳纤维材料的化学性质稳定，不与酸碱盐等化学物质发生反应，抗高碱、高酸、高盐，抗各种化学腐蚀和恶劣环境变化的能力强，抗高温、抗疲劳、耐久性优良。因而用碳纤维材料加固后的构件具有良好的耐腐蚀性、抗老化性和耐久性。

（3）力学性能

碳纤维是一种力学性能优异的新材料，它的相对密度不到钢的1/4，碳纤维树脂复合材料抗拉强度一般都在3500MPa以上，是钢的7～9倍，抗拉弹性模量为23000～43000MPa亦高于钢。因此碳纤维材料的比强度即材料的强度与其密度之比可达到$2000MPa/(g/cm^3)$以上，而Q235A钢的比强度仅为$59MPa/(g/cm^3)$左右，其比模量也比钢高。

3. 碳纤维材料的工业应用

碳纤维是50年代初应火箭、宇航及航空等尖端科学技术的需要而产生的，现在还广泛应用于体育器械、纺织、化工机械及医学领域。随着尖端技术对新材料技术性能的要求日益苛刻，80年代初期，高性能及超高性能的碳纤维相继出现，这在技术上是又一次飞跃，同时也标志着碳纤维的研究和生产已进入一个高级阶段。

碳纤维增强的复合材料可用作飞机结构材料、电磁屏蔽除电材料、人工韧带等身体代用材料，也用于制造火箭外壳、机动船、工业机器人、汽车板簧和驱动轴等。图 6-3 为碳纤维复合材料在大飞机中的应用情况。

图 6-3　碳纤维复合材料在大飞机中的应用

4. 碳纤维增强的复合材料在工业机器人中的应用

碳纤维增强复合材料（CFRP）是目前最先进的复合材料之一，具有重量轻、强度高、耐高温、抗腐蚀、热力学性能优良等特点，被广泛用作结构材料及耐高温抗烧蚀材料。

碳纤维增强的复合材料已经用于工业机器人的多个部件和系统。由于其优秀的抗腐蚀与辐射性能，使得该类材料成为首选。图 6-4 表示新研发机器人使用碳纤维复合材料的情况。

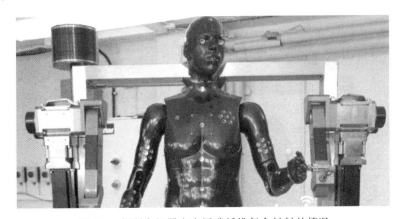

图 6-4　新研发机器人应用碳纤维复合材料的情况

美国国家航空航天局开发出一种制造工具的综合机器人，图 6-5 是简化原型部分的制备机器人。这是一个 21 只脚的机械臂，机械臂的头部是由 16 个类似于超大缝纫线轴的棒组成，其附加长度达到 40 英尺（12.19m），可以使机械臂绕着模型滑动。缠绕在机械臂卷轴上的是碳纤维线丝，这是由美国宇航局的工程师们设计的结构松散的机械手臂造型复合部分。

该项目的一名工程师指出，这是有史以来最大的综合机器人之一，可以制备 26 英尺（7.92m）宽的产品，完全可以作为"史上最大的制备太空交通工具的复合结构。"该项目涉及的技术是开发永久形式的超薄碳纤维层技术。研发的机器人系统很精细，这个加工生产过程为自动化纤维放置技术。由于机械手臂可以非常快速地加工出复杂形状的产品，该技术称得上是碳纤维复合材料领域的重要突破。可以大大降低制备空间结构的成本，同时提高空间结构的质量。

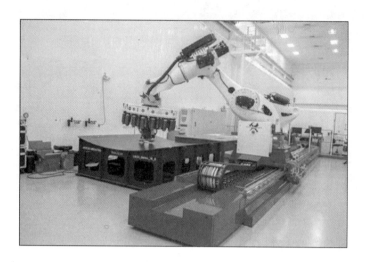

图 6-5　新型碳纤维复合材料机器人

5. 碳纤维增强的复合材料的耐腐蚀设计

由于受环境作用而产生的性能劣化是不可避免的，因此碳纤维复合材料的腐蚀程度通常取决于以下几点：①复合材料的自身性质；②环境条件（温度、压力、所接触介质的性质和状态）；③在某种环境下所处的时间。

由于碳纤维为惰性无机纤维，在生产过程中经过了 2000～3000℃ 的高温石墨化处理，具有类似石墨晶体的微晶结构；因此具有很高的耐介质腐蚀性，在质量分数为 50% 的盐酸、硫酸或磷酸中，200 天后其弹性模量、强度和直径基本无变化。所以，对碳纤维复合材料而言，耐腐蚀性能的高低主要取决于基体树脂本身的耐腐蚀性能及基体树脂与增强纤维的界面相容性问题。

在设计和使用碳纤维复合材料时，耐腐蚀性能是一个重要指标。复合材料是由基体（连续相）、增强体（分散相）及它们间的相界面构成的。复合材料的腐蚀特性除分别受这三部分影响外，还取决于这三部分之间的相互影响。一般而言，对复合材料耐腐蚀性起决定作用的是复合材料基体的性质。

在设计和使用碳纤维复合材料时，大分子结构中含有苯环、杂环，这使高聚物的树脂基体分子间能形成氢键，从而增强碳纤维复合材料制品耐腐蚀性，另外，制品具体的加工工艺对其耐腐蚀性也有一定的影响。

实际应用也表明，在碳纤维环氧树脂复合材料制品的成型过程中，界面状态及界面区域的形成是提高其产品耐腐蚀性能的关键。加强对碳纤维复合材料制品的表面处理对其防腐蚀性能的影响是直接的，有效的表面处理既可以保护纤维表面，又能增强纤维与树脂界面的黏接力，从而防止水分或其它有害介质的侵入。通过改善界面黏结性能，提高复合材料的界面黏结强度，可降低孔隙率和结构缺陷，使得腐蚀介质不易渗透、扩散。

6. 碳纤维复合材料的耐腐蚀性表征方法

（1）耐候性

对于不同的环境条件，复合材料的耐腐蚀性能可以有不同的术语和表征方法：当复合材料处于地球气候的自然环境，其耐腐蚀性能称为耐候性（或耐自然老化性），主要用复合材料在大气环境中经一定时间的性能保留率表征，其中海洋大气腐蚀是自然环境腐蚀中较严重的一种。

（2）耐海水性

当复合材料处于高湿度环境（如淡水或海水浸泡），其耐腐蚀性称为耐水性或耐海水性，主要用浸泡一定时间后的性能保留率来表征。

（3）耐化学介质性

当复合材料处于化学介质（酸、碱、盐、有机化学试剂等）环境，其耐腐蚀性称为耐化学介质性，主要采用单位时间内材料单位面积上被腐蚀的重量或单位时间内被腐蚀的厚度来表征。

（4）抗氧化性

当复合材料处于高温有氧环境，其腐蚀性称为抗氧化性，它主要用气氛性质（氧浓度、流动状态、温度及压力）和单位时间内复合材料消耗的厚度和单位面积上消耗的质量来表征。

三、阻尼材料

阻尼材料按特性分为五类，包括橡胶和塑料阻尼板、橡胶和泡沫塑料、阻尼复合材料、高阻尼合金材料及阻尼涂料。

1. 橡胶和塑料阻尼板

橡胶和塑料阻尼板用作夹芯层材料。应用较多的有丙烯酸酯、聚硫、丁腈橡胶、硅橡胶、聚氨酯、聚氯乙烯和环氧树脂等。这类材料可以满足$-50\sim200℃$范围内的使用要求。

2. 橡胶和泡沫塑料

橡胶和泡沫塑料用作阻尼吸声材料。应用较多的有丁基橡胶和聚氨酯泡沫，以控制泡沫孔大小、通孔或闭孔等方式达到吸声的目的。

3. 阻尼复合材料

阻尼复合材料用于振动和噪声控制。它是将前两类材料作为阻尼夹芯层，再同金属或非金属结构材料组合成各种夹层结构板和梁等型材，经机械加工制成各种结构件。

4. 高阻尼合金材料

高阻尼合金材料的阻尼性能在很宽的温度和频率范围内基本稳定。应用较多的是铜-锌-铝系、铁-铬-钼系和锰-铜系合金。

5. 阻尼涂料

阻尼涂料由高分子树脂加入适量的填料以及辅助材料配制而成，是一种可涂覆在各种金属板状结构表面上，具有减振、绝热和一定密封性能的特种涂料，包括约束阻尼涂料和水性阻尼涂料。

四、铝材

1. 铝合金表面的氧化处理方法

铝合金的抗腐蚀能力不强，容易沾染污迹。因此，铝合金零件通常要进行特殊的氧化处理，从而获得具有耐蚀、耐磨等良好性能的人工膜。常用的氧化处理方法有以下五种。

（1）阳极氧化法

所谓阳极氧化法，即阳极以电解液中的的铝合金制品作为材料，阴极以铝板作为材料，予以通电，通电后，制品表面会生成一层氧化膜的过程。经过阳极氧化，铝合金表面能生成厚度为几微米至几百微米的氧化膜。此氧化膜的表面为多孔蜂窝状，该膜具有双层结构，即直接与铝合金表面相连接的、较薄的阻挡层和多孔的氧化膜表面层，但阳极氧化法的缺点是：由于对涂层的吸附性差、成本较高以及涂层抗冲击性不理想等原因，在工业生产中使用较少。

（2）化学氧化法

所谓化学氧化法，即通过化学反应在表面生成一层厚度约在 $0.5\sim4\mu m$，具有良好的吸附性的薄的多孔氧化膜，可作为有机涂层的底层。化学氧化法的特点是：操作方便、设备简单、成本低、效率高，多应用于不适合电化学处理的铝及铝合金制品零件。常见的氧化方法分别是碱性铬酸盐氧化法、铬酸盐氧化法、磷酸盐-铬酸盐氧化法。由于化学氧化法形成的膜性能不佳，氧化膜较薄，并且六价铬对环境和人体有严重危害，近年来其应用已逐渐受到限制，所以在工业中用处也不广泛。

（3）微弧氧化法

微弧氧化法是依据阳极氧化法的基础开发出来的一种新型铝合金表面陶瓷化技术。该技术运用高能密度的微等离子弧，氧化后形成的膜层和硬度大大提高，而且工艺简单、生产效率高、低污染、处理能力强，是一项前景光明的表面处理新技术，与普通的阳极氧化法相比，其工作电压更高、工作电流更大，得到的陶瓷膜与阳极氧化膜结构一样，但是它的膜空隙小、孔隙率低、与基体结合紧密、摩擦因数小、分布均匀，从而具有更高的耐蚀性和耐磨性。

（4）激光熔覆法

激光熔覆法是在高能光束的作用下将合金粉末或陶瓷粉末与基体表面迅速加热并融化，光束移开后自然冷却的一种表面强化方法。该方法的优点是经济效益很高，它可以在廉价金属基体上制备出高性能的合金表面而不影响基体的性质，可以降低成本和节省材料。缺点是界面上容易形成裂纹，实际应用中对基体复杂形状的容许度、涂层的尺寸精度、表面粗糙度等问题较难解决。

（5）稀土转化膜法

此法兴起于 20 世纪 80 年代中期，已经有很多研究机构和个人对稀土元素在铝合金转化膜中的应用做了大量的研究和报道。在众多的稀土化合物中，目前被研究较多的是铈的可溶性盐类。稀土转化膜法的优点是工艺简单，生产成本低。缺点是稀土盐溶液需长期浸泡，并且需要较高的温度，工艺处理的时间长。

2. 涂层处理

（1）化学镀处理

化学镀是一种新型的金属表面处理技术，该技术因其工艺简便、节能环保日益受到人们的关注，化学镀使用范围很广，镀层均匀，装饰性好。在防护性能方面，能提高产品的耐蚀性和使用寿命，在功能性方面，能提高加工件的耐磨导电性、润滑性能等特殊功能，因而成为全世界表面处理技术的一个新的发展方向。铝合金有很强的反应活性，容易形成氧化膜，妨碍金属键的形成，故在其表面进行电镀或化学镀比较困难。一般都会先在铝合金表面预镀镍，然后再在此基础上镀其它金属。

化学镀镍工艺中应用最广的是化学镀 Ni-P，分为两种方法：浸锌-预镀层法、直接化学镀镍。浸锌-预镀层法的主要缺点是在潮湿的腐蚀环境中，锌相对于镍镀层是阳极，将受到横向腐蚀，最终导致镍层剥落。另外，过渡锌层熔点低，限制了它的应用范围，而且两次浸锌之间还有一次硝酸退锌程序，会污染生产环境，并且浸锌层还对化学镀镍溶液造成污染。

（2）热喷涂处理

热喷涂以某种形式的热源将喷涂材料加热，受热的材料形成熔融或半熔融状态的微粒，这些微粒以一定的速率冲击并沉积在基体表面上，形成具有一定特性的喷涂层。针对铝合金零件表面的涂层处理，热喷涂方法是一种较成熟有效的表面处理方法。热喷涂技术的优点有：设备轻便、可现场施工、工艺灵活、操作程序少、可快捷修复、减少加工时间；涂层厚度可以控制等。热喷涂材料根据材料性质分为金属与合金、陶瓷、有机高分子材料、复合材料等。

喷涂工艺主要包括火焰喷涂、爆炸喷涂、超音速喷涂、电弧喷涂、等离子喷涂、低压等离子喷涂、水稳等离子喷涂等。由于热喷涂技术可以喷涂各种金属及合金，陶瓷，塑料，非金属等大多数固态工程材料，因此能制成具备各种性能的功能涂层，并且施工灵活，适应性强。

但热喷涂方式得到的涂层对基体的结合力较低，涂层孔隙多，还需要进一步改善。目前针对热喷涂所形成的涂层的后处理技术，如激光熔覆，密封处理、热压、阳极电镀等都可以进一步提高喷涂后铝合金的耐蚀性能。

五、精密钢表面的防腐新技术

1. 利用非晶态合金的化学镀层防腐技术

非晶态合金化学镀层技术原理是在不加额外电流的条件下，运用电化学进行还原的措施使得镍阳离子被还原成金属镍离子，然后堆积在催化金属的表面上，起到防腐的作用。

目前该技术在我国已经得到运用，并且已经用于解决重要的精密钢结构的防腐蚀问题，防护效果明显。

2. 纳米固体薄膜防腐技术

利用纳米固体薄膜防腐技术可以有效防腐，它的原理是将一些固态化学物质镀于两种物质的摩擦界面上，起到阻断的作用，从而起到防止结构被腐蚀的作用，这种物质在解决特殊工况下的结构（有摩擦的结构润滑）方面有着很好的效果。

作业练习

1. 飞行器结构所采用的主要钢种有哪些？其特点是什么？
2. 航空超高强度钢在航空器中有哪些应用？
3. 高温合金的特点及其适用场合是什么？
4. 变形镁合金的特点及其作用是怎样的？
5. 航空器材料的腐蚀类型有哪些？各有什么特点？
6. 航空发动机的高温磨蚀是怎样的？如何防止高温磨蚀？
7. 热障涂层是什么？热障涂层的陶瓷层材料有哪些？
8. 飞机上铝合金的应用场合是怎样的？如何防止铝合金的腐蚀？
9. 航空铝合金的微生物腐蚀是怎样的？
10. 航空器的疲劳损伤的危害有哪些？其防止方法是怎样的？
11. 使用环境中温度、摩擦、声音对材料疲劳损伤的影响是怎样的？
12. 航空表面涂层技术有哪些？
13. ZrO_2 热障涂层的特点是什么？
14. 高温可磨耗封严涂层的特点及适用场合是什么？
15. 纳米 Al_2O_3-TiO_2 涂层的特点及应用情况是怎样的？
16. 冷气动力喷涂的工艺特点是什么？
17. 工业机器人会采用哪些材料？
18. 碳纤维及其特点是怎样的？
19. 碳纤维复合增强材料有哪些先进应用？
20. 碳纤维复合材料的耐腐蚀性能设计需要考虑什么因素？
21. 阻尼材料按特性分为哪些类型？
22. 铝合金表面的氧化处理方法有哪些？
23. 精密钢表面的防腐新技术有哪些？

第七章
金属材料的腐蚀监测及失效分析

第一节　腐蚀监测

一、什么是腐蚀监测

腐蚀监测（也称腐蚀检测）是通过对设备的腐蚀速率和某些与腐蚀速率密切相关的参数进行连续或非连续测量，同时根据这种测量结果对生产过程的有关条件进行控制的一种技术；腐蚀监测的高级形式就是腐蚀监控。

腐蚀监测是腐蚀控制过程中的一种手段，目的是发现设备和装置上的腐蚀现象，揭示腐蚀过程，了解腐蚀控制效果，迅速、准确地判断设备的腐蚀情况和存在隐患，以便研究制定出恰当的防腐蚀措施和提高设备、系统运行的可靠性。

掌握腐蚀监控技术不仅可以改善设备运行状态、提高设备可靠性、延长运转周期和缩短检修时间从而获得巨大经济效益，还可以使设备系统在接近于设计最佳的条件下工作，充分保证设备的安全运行、保证操作人员的安全、减少环境污染。

二、腐蚀监测的要求

由于腐蚀监测的目的是实现腐蚀检测，并进而实现对腐蚀的控制，故腐蚀监测应满足以下的要求。

① 必须使用可靠，可以长期进行测量，有适当的精度和测量重现性，以便能确切地判定腐蚀速率。

② 应当是无损检测，测量不需要停车。

③ 操作维护简单。

④ 有足够高的灵敏度和反应速率，测量过程要尽可能短。

三、腐蚀监测技术

1. 腐蚀监测的概念

腐蚀监测技术是工业腐蚀控制中的重要手段之一，它可以提供腐蚀发生、发展各个阶段的信息。为后续防腐方案的制定提供大量宝贵而关键的数据支持。腐蚀监测技术进入中国并大面积推广经历了十几年的时间，目前，常用的腐蚀监测技术有：挂片法、电阻探针法、电化学法、电位监测法、电感法、化学分析法、超声波法、涡流法、红外成像（热像显示）法、耦合多电极技术、氢通量法等。从腐蚀监测技术的原理上划分，通常有化学分析法、物理法、电化学法等腐蚀监测技术类型。

2. 腐蚀监测的分类

腐蚀监测包括直接监测法和间接监测法，表 7-1 给出两类方法的特点和具体情况。

表 7-1　腐蚀监测技术与方法

类别		检测方法或内容			备注
		方法及测量内容	得到的信息	适用条件	
直接监测方法	现场调查	用肉眼和使用各种设备进行观察、监测	腐蚀的最终结果	装置停车检修	获取腐蚀信息
	物理方法	现场挂片：测量腐蚀试样的失重及裂纹	腐蚀的最终结果	可用于任何环境	目的不同，挂片不同
		超声波法：测量金属厚度，探测裂纹和蚀孔的存在	设备的剩余壁厚，存在的裂纹和蚀孔	用于金属厚度的测量和裂纹的探测	超声波测厚仪或探伤仪
		声发射法：检测应力腐蚀破裂、腐蚀疲劳和腐蚀泄漏等	检测裂纹的扩展以及泄漏	可用于容器、设备和管线的检测	在液体中检测，可以减小干扰
		电阻法：测量试样电阻的变化	腐蚀的积分值	可用于测量任何环境中金属和合金的均匀腐蚀	电阻探针法
		涡流法：测量构件磁场的变化	列管的厚度、表面裂纹和蚀孔等	检测列管的厚度、表面裂纹和蚀孔等	涡流检测仪
		热图像法：测量构件的表面温度分布情况	测量因温度变化引起的腐蚀分布	用于高温或低于室温设备如加热炉管	使用红外热像仪
		射线照相法：测量射线穿透构件的强度变化	裂纹和蚀孔	焊接部位裂纹、缺陷和蚀孔的检测	使用 X 射线仪或 γ 射线仪
	机械方法	监测孔（监漏孔）：工艺介质	工艺介质是否通过监测孔泄漏	衬里类压力容器特别是衬里焊缝区	监测孔堵塞
		测量工艺介质腐蚀引起的试样力学性质变化	监测试板的腐蚀	关键设备、容器的监测试板	监测试板
	测定腐蚀产物	测量溶解的金属离子	溶解的金属离子	采油、炼油装置中的 Fe^{2+}、Fe^{3+}，尿素装置的 Ni	
	电化学方法	线性极化法：用两电极或三电极探针测量极化阻力	腐蚀速率	用于电解质	
		电偶法：测量在电解质溶液中的电偶电流	腐蚀状态和电偶腐蚀指示	用于电解质	使用探针

类别	检测方法或内容			备注
	方法及测量内容		得到的信息	适用条件	
间接监测法	介质条件的监测	介质中腐蚀性离子分析			
		测量溶液的 pH 值			
		测量溶液氧化还原电位			
	渗氢监测		使用氢探针监测氢气的渗透率	临氢设备	使用氢探针

直接监测法的监测对象是材料的腐蚀速率，间接监测法的监测对象是对腐蚀过程有强烈影响的环境因素或环境与材料相互作用的因素。

3. 腐蚀监测的最新发展趋势

腐蚀监测技术作为腐蚀与防护领域的重要组成部分，正在从以下几个方面不断创新。

（1）智能传感器管理（ISM）

智能技术正在改变工业。它不仅正在生产的各个阶段得到应用，而且也为过程分析带来革命。目前，有国外厂商已经研发出了新的在线分析技术，称为智能传感器管理（ISM）。

ISM 是一种将智能算法集成到传感器的在线过程分析数字化技术。每一个 ISM 传感器均内置一个微处理器。正是这一点，让 ISM 具有模拟设备无法比拟的优点和性能。

（2）智能仪器"私人订制"

20 世纪 90 年代，智能仪器的创新突出表现在以下几个方面：微电子技术的进步更深刻地影响仪器仪表的设计；能够识别数字信号处理技术的芯片的问世，使仪器仪表数字信号处理功能大大加强；微型机的发展，使仪器仪表具有更强的数据处理能力；图像处理功能的增加十分普遍；VXI 总线得到广泛的应用。

进入 20 世纪初，伴随着电子技术日新月异的发展，腐蚀监测仪器的设计和制造朝着微型化、多功能化、网络化的方向发展。

（3）网络化

伴随着网络技术的飞速发展，Internet 技术正在逐渐向工业控制和智能仪器仪表系统设计领域渗透，实现智能仪器仪表系统基于 Internet 的通信能力以及对设计好的智能仪器仪表系统进行远程升级、功能重置和系统维护。

对于腐蚀监测方面而言，在企业生产现场，为装置、罐区、设备和厂区周界等部署各类传感器、摄像头、射频识别等数据采集感知设备和无线传输网络，实时采集和传输设备、装置、罐区及人员等各项现场数据和信息，提升企业数据自动采集水平，建设统一的物联网数据平台，为上层信息系统提供可靠的现场数据支撑。

4. 腐蚀监测的机遇与挑战

腐蚀监测技术进入中国并大面积推广经历了十几年的时间，还存在不完善的地方，主流技术原理基本掌握，但是主要配件和芯片还依赖进口。一方面，这些进口的配件和芯片在一定程度上满足了科研和应用的需要；另一方面，设备的升级和功能完善还依赖于国外。在软硬件方面并没有核心技术和主动权。例如，使用的离子电极（pH、Cl^-、S^{2-} 等）、耐高温电化学参比电极、电化学工作站等。

四、腐蚀分析方法

为进一步观察腐蚀破坏情况，查明腐蚀破坏的原因，在条件许可或必要的情况下，在产生腐蚀的部位取样，可以利用三类分析手段进行评价，这三类分析手段分别是化学分析方法、金相分析方法、电子微观分析方法。

1. 化学分析方法

（1）化学分析法的定义

以物质的化学反应为基础的分析方法称为化学分析法，化学分析法是分析化学重要的分支，由化学分析演变出后来的仪器分析法。化学分析法是依赖于特定的化学反应及其计量关系来对物质进行分析的方法。化学分析法历史悠久，是分析化学的基础，又称为经典分析法，主要包括重量分析法和滴定分析法，还包含试样的处理等化学手段。

（2）化学分析法的特点

化学分析法通常用于测定相对含量在1%以上的常量组分，准确度相当高（一般情况下相对误差为 0.1%～0.2% 左右），所用天平、滴定管等仪器设备又很简单，是解决常量分析问题的有效手段。

（3）化学分析法在腐蚀分析中的应用

通过分析体系中溶液在腐蚀前后离子成分的变化，例如钢铁环境下溶液中铁、镍、铬离子含量的迅速增加，可以说明金属材料的腐蚀进展情况。

另外，也可以分析溶液中氢气含量的变化，可以反映局部酸性腐蚀或者氢腐蚀的情况，不仅为腐蚀分析提供强有力的数据支撑，也可以从机理上探讨腐蚀过程的发生、发展机制和特征。

2. 金相分析方法

（1）腐蚀试验的金相分析

金相分析是通过金相显微镜来研究金属和合金显微组织大小、形态、分布、数量和性质的一种方法，它在金属材料腐蚀研究领域中占有很重要的地位。金相分析对金属试验局部可以最大放大到1500倍左右，以实现对材料表面进行微观层次的观察，金相分析是金属材料试验研究的重要手段之一。

金相分析可以观察到的显微组织包括晶粒、包含物、夹杂物以及相变产物等特征组织。

（2）金相分析的创新发展

金相分析的最新发展就是计算机定量金相分析。计算机定量金相分析采用定量金相学原理，由二维金相试样磨面或薄膜的金相显微组织的测量和计算来确定合金组织的三维空间形貌，从而建立合金成分、组织和性能间的定量关系。将图像处理系统应用于金相分析，具有精度高、速率快等优点，可以大大提高工作效率。

计算机定量金相分析正逐渐成为人们分析研究各种材料腐蚀、建立材料的显微组织与各种性能间定量关系，研究材料组织转变动力学等的有力工具。采用计算机图像分析系统可以很方便地测出特征物的面积百分数、平均尺寸、平均间距、长宽比等各种参数，然后根据这些参数来确定特征物的三维空间形态、数量、大小及分布，并与材料的机械性能建立内在联系，为更科学地评价材料、合理地使用材料提供可靠的数据。

3. 电子微观分析方法

材料科技是未来高科技的基础，而微观材料分析方法是材料科学中必不可少的实验手段。因此，微观材料分析方法对材料科学甚至是整个科技的发展都具有重要的意义和作用。材料的电子微观分析方法种类非常繁多，表 7-2 只列出了与腐蚀试验分析关系紧密的部分分析方法。

表 7-2　电子微观分析仪器及应用

仪器名称	可进行观察和分析的项目	性能指标及特点	典型应用举例
透射式电子显微镜（TEM）	进行形貌观察，配以必要的附件也可进行成分和结构分析	放大倍数一般可达 20 万倍以上，分辨率可达 2×10^{-4} μm 或更小	研究金属表面氧化膜的组成和形态
扫描电子显微镜（SEM）	进行形貌观察，配以必要的附件也可进行成分和结构分析	放大倍数一般可达 10 万倍以上，分辨率可达 $0.005 \sim 0.01 \mu m$，有效视场大	进行断口分析,金相和材料表面观察,分析裂纹的产生和发展
电子探针仪（电子探针 X 射线微区分析仪）	用于微区成分分析	可分析由 Be 至 U 的元素含量	分析夹杂物的分布及组成,表面镀层厚度测量,腐蚀产物膜组成及厚度测量,研究蚀孔的起源点
离子探针仪	用于微区成分分析	可分析由 H 至 U 的元素含量,可以测得元素在表层沿厚度方向的分布	分析钛中的氢含量
X 射线衍射仪（XRD）	用于结构分析、相分析及应力分析,配有荧光光谱附件时,可作成分（原子序数>13 的元素）分析		应力腐蚀破裂研究,腐蚀产物的分析
俄歇 Auger 电子能谱仪	表面微区成分分析	除氢和氦以外的元素成分分析,可分析表面 2~3 原子厚度的成分	钝化膜的研究
光电子能谱仪	表面微区成分分析	除氢以外的表层元素成分分析,可作价态分析	缓蚀剂膜测量

电子微观分析方法分析包括三类，其分别是 X 射线分析、激光分析及电子显微分析方法。

（1）X 射线分析

X 射线是一种波长很短的电磁波，这是 1912 年由劳埃 M. von Laue 指导下的著名的衍射实验所证实的。X 射线衍射是利用 X 射线在晶体中的衍射现象来分析材料的晶体结构、晶格参数、晶体缺陷（位错等）、不同结构相的含量及内应力的方法。这种方法是建立在一定晶体结构模型基础上的间接方法，即根据与晶体样品产生衍射后的 X 射线信号的特征去分析计算出样品的晶体结构与晶格参数，并且可以达到很高的精度。然而由于它不像显微镜那样可以直接观察，因此也无法把形貌观察与晶体结构分析微观同位地结合起来。由于 X 射线聚焦的困难，所能分析样品的最小区域（光斑）在毫米数量级，因此对微米及纳米级的微观区域进行单独选择性分析也是无法做到的。

通常获得 X 射线是利用一种类似阴极二极管的装置，用一定材料制作的板状阳极（A，称为靶）和阴极（C，灯丝）密封在一个玻璃-金属管壳内，阴极通电加热，在阳极和阴极间加以直流高压 U（数千伏至数十千伏），则阴极产生的大量热电子 e^{-1} 将在高压电场作用下飞向阳极，在它们与阳极碰撞的瞬间产生 X 射线。

（2）激光分析

激光分析以激光拉曼光谱分析为代表。拉曼散射的过程涉及光的弹性散射和非弹性散射，当一束频率为 n_0 的单色光照射到样品上时，会发生散射现象，产生散射光，将产生弹性散射（Rayleigh Scattering）和非弹性散射（Raman Scattering）。大部分散射光具有与入射光（激发光）相同的频率，即散射光的光子能量与入射光的光子能量相同，这就是弹性散射，称为瑞利散射。当散射光的光子能量发生改变与入射光不同时，其频率高于和低于入射光即非弹性散射，称为拉曼散射。频率低于激发光的拉曼散射叫斯托克斯散射，频率高于激发光的拉曼散射叫反斯托克斯散射。其中 Stokes 线（$\nu_0 - \Delta\nu$）与 Anti-stokes 线（$\nu_0 + \Delta\nu$）对称分布在激发线（n_0）两侧。由于拉曼位移 $\Delta\nu$ 只取决于散射分子的结构而与 ν_0 无关，所以拉曼光谱可以作为分子振动能级的指纹光谱。拉曼位移 $\Delta\nu$（散射光的波数与入射光波数之差）反映了分子内部的振动和转动方式。由此可以研究分子的结构和分析鉴定化合物。拉曼光谱技术能提供快速、简单、可重复且无损伤的定性定量分析，它无需样品准备，样品可直接通过光纤探头或者通过玻璃、石英和光纤测量。

（3）电子显微分析方法

电子显微镜（Electron Microscope，EM）是使用高能电子束作为光源，用磁场作透镜制造的具有高分辨率和高放大倍数的电子光学显微镜。电子显微分析方法以材料微观形貌、结构与成分分析为基本目的。

电子显微分析方法中得到广泛应用的分别为透射电子显微镜分析、扫描电子显微镜分析及电子探针分析。

第二节　腐蚀监测的经典方法

一、挂片法

根据不同的试验要求，挂片分为两类：一类用于测量均匀腐蚀速率、点蚀和晶间腐蚀等；另一类用于测量应力腐蚀。前一类挂片比较常用，文中不再多述。

应力腐蚀挂片又分为三种：U 形弯曲试样、恒载荷拉伸试样、圆形焊接试样。在 U 形试样中，应力分布从试样端部的零值增加到 U 形试样中部的最大值；试样的弯曲部位受力后，产生了塑性变形，而试样的平直部位是弹性变形；U 形弯曲试样是平滑应力腐蚀试样中条件最为苛刻的一种，其应力分布表示试样永久变形的分布和应力腐蚀破裂频度的关系。恒载荷法是将拉伸试样的一端固定，另一端加上某一恒定的静载荷，使试样产生恒定应力。

二、电阻探针法

电阻探针法测定金属腐蚀速率，是根据金属试样由于腐蚀作用使横截面积减小，从而导致电阻增大的原理。利用该原理已经研制出较多的电阻探针用于监测设备的腐蚀情况，是研究设备腐蚀的一种有效方法。

运用该方法可以在设备运行过程中对设备的腐蚀状况进行连续地监测，能准确地反映出设备运行各阶段的腐蚀率及其变化，且能适用于各种不同的介质，不受介质导电率的影响，其使用温度仅受制作材料的限制。它与失重法不同，不需要从腐蚀介质中取出试样，也不必除去腐蚀产物。电阻探针法快速、灵敏、方便，可以监控腐蚀速率较大的生产设备的腐蚀。

三、电化学噪声技术

电化学噪声（Electrochemical Noise，简称 EN）是指电化学动力系统中，其电化学状态参量（如：电极电位、外测电流密度等）的随机非平衡波动现象。这种噪声产生于电化学系统的本身，而不是来源于控制仪器的噪音或其它的外来干扰。1968 年，Iverson 首次记录了腐蚀金属电极的电位波动现象，电化学噪声技术作为一门新兴的实验手段在腐蚀与防护科学领域得到了长足的发展。

电化学噪声技术是一种原位无损的监测技术，在测量过程中不要对被测电极施加可能改变腐蚀电极腐蚀过程的外界扰动；该技术不要预先建立被测体系的电极过程模型。另外，该技术不要满足阻纳的 3 个基本条件，而且可以实现远距离监测。

电化学噪声技术可以监测如均一腐蚀、孔蚀、裂蚀、应力腐蚀开裂多种类型的腐蚀，并且能够判断金属腐蚀的类型。Hladky 等人的研究指出，裂蚀和孔蚀的电位噪声有着明显的区别，即孔蚀是连续发生的，而裂蚀有周期性且在一定的频率下发生；并且裂蚀优先于孔蚀，一旦裂蚀开始，孔蚀则停止进行。然而迄今为止，它的产生机理仍不完全清楚，它的处理方法仍存在欠缺。因此，寻求更先进的数据解析方法已成为当前电化学噪声技术的一个关键问题。结合当今微观世界的最新研究成果来分析电化学噪声的产生机理，结合非线性数学理论（如分形理论）来描述电化学噪声的特征，这些都代表着电化学噪声技术将来的研究方向。

四、电化学阻抗方法

电化学阻抗谱（EIS）优于其它暂态技术的一个特点是，只需对处于稳态的体系施加一个无限小的正弦波扰动，这对于研究电极上的薄膜，如修饰电极和电化学沉积膜的现场研究十分重要，因为这种测量不会导致膜结构发生大的变化。

此外，EIS的应用频率范围广（$10^{-2} \sim 10^5$ Hz），可同时测量电极过程的动力学参数和传质参数，并可通过详细的理论模型或经验的等效电路，即用理想元件（如电阻和电容等）来表示体系的法拉第过程、空间电荷以及电子和离子的传导过程，说明非均态物质的微观性质分布，因此，EIS现已成为研究电化学体系和腐蚀体系的一种有效的方法。

自从Bard于1982年首次将EIS引入导电高分子的研究领域以来，许多学者应用EIS对各类导电高分子体系进行了广泛的研究。对于高阻电解液及范围广泛的许多介质条件，该技术有较大可靠性。在较宽的频率范围内测量交流阻抗需要时间很长，这样就很难做到实时监测腐蚀速率，不适用于实际的现场腐蚀监测。为了克服这个缺点，人们针对大多数腐蚀体系的阻抗特点，通过适当选择两个频率监测金属的腐蚀速率，设计和制造了自动交流腐蚀监控器。

五、无损检测方法

无损检测也叫无损探伤，是指在不损害或不影响被检测对象使用性能，不伤害被检测对象内部组织的前提下，利用材料内部结构异常或缺陷存在引起的热、声、光、电、磁等反应的变化，以物理或化学方法为手段，借助现代化的技术和设备器材，对试件内部及表面的结构、性质、状态及缺陷的类型、性质、数量、形状、位置、尺寸、分布及其变化进行检查和测试的方法。

1. 无损检测的种类及特点

常用的无损检测方法有涡流检测（ECT）、射线照相检验（RT）、超声检测（UT）、磁粉检测（MT）和液体渗透检测（PT）五种。

从专业的角度而言，无损检测包括三个层次，其分别是无损检测（Nondestructive Testing，NDT）、无损检查（Nondestructive Inspection，NDI）、无损评价（Nondestructive Evaluation，NDE）。一般情况下，使用NDE更广泛些，因为其包含更广泛的判断内容，是掌握使用材料的负载条件、环境条件、综合评价材料完整性、判断材料及构件的性能和可靠性的方法。无损检测方法大致分类见图7-1。

2. 超声波监测法（超生活）

超声波法测量壁厚，利用压电换能器产生的高频声波穿过材料，测量回声返回探头的时间或记录产生共鸣时声波的振幅作为讯号，来检测缺陷或测量壁厚。优点是可以进行单面探测，设备形状没有限制，对材料内部的缺陷检测能力较强，探测速率较快，操作相对安全，可探测金属表面最高温度为550℃。

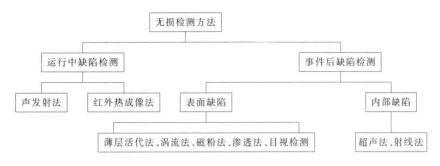

图 7-1　无损检测方法的分类

但是，该法要求使用耦合剂，耦合剂是一种水溶性高分子胶体，它是用来排除探头和被测物体之间的空气，使超声波能有效地穿入被测物达到有效检测目的；工业耦合剂主要是以机油、变压器油、润滑脂、甘油、水玻璃（硅酸钠 Na_2SiO_3）、工业胶水、化学糨糊，或者是商品化的超声检测专用耦合剂等作为耦合剂。

3. 渗透探伤监测法（渗透法）

渗透探伤也称为渗透监测（Penetrant Testing，PT），该方法是利用毛细现象检查材料表面开口缺陷的一种无损检验方法。20 世纪初，最早利用具有渗透能力的煤油检查机车零件的裂缝。

1940 年代初，美国斯威策，（R. C. Switzer）发明了荧光渗透液。这种渗透液在第二次世界大战期间，大量用于检查军用飞机轻合金零件，渗透探伤便成为主要的无损检测手段之一，获得广泛应用。该法可以发现 $0.1\mu m$ 的缺陷；现场使用需要注意的是材料表面的预处理，不仅要清除表面的锈层、还要除掉表面及裂纹中的油污及水分。

4. 红外热成像法

（1）原理

红外热成像无损检测技术是一门新兴的学科。它因具有快速、无损、非接触、无需耦合、快速实时、大面积、远距离检测等优点而得到迅速发展。红外热成像无损检测作为一种非接触的检测手段，已广泛应用于航空、航天、机械、医疗、石化、电力等领域。随着计算机数字信号处理技术的发展以及红外无损检测新技术的出现，红外无损检测在无损检测领域中越来越显示出其重要性。在许多领域，红外热像仪已成为必备的常规监测仪器。

任何物体，不论其温度高低都发射或吸收电磁热辐射，其大小除与物体材料种类、形貌特征、化学与物理学结构（如表面氧化度、粗糙度等）特征有关外，还与波长、温度有关。红外热像仪就是利用物体的这种辐射性能来测量物体表面温度场的。它能直接观察到人眼在可见光范围内无法观测到的物体外形轮廓或表面热分布，并能在显示屏上以灰度差或伪彩色的形式反映景物各点的温度及温度差。

（2）分类

红外无损检测技术按其检测方式可分为两大类：被动式检测和主动式检测。主动式检测是在人工加热工件的同时或在加热后，经一段时间的延迟再扫描记录被观察试件表面的温度分布。被动式检测是利用工件自身与周围环境的温差，在被检测试件与周围环境热交换的过程中确定工件内部是否有缺陷存在。被动式检测多用于运行中的设备、工件或工作中的电子元器件的检测。

（3）红外热像技术的优缺点

红外热像技术具有以下优点：非接触、快速、能对运动目标和微小目标测温、能直观地显示物体表面的温度场、温度分辨率高、可采用多种显示方式、可进行数据存储和计算机处理等。

但红外热像仪也有一些不足之处。如在室温下工作，热像仪的响应速率较慢，灵敏度较低。如果在低温下工作，又需要较复杂的制冷装置。同时，热像仪结构复杂，价格昂贵，不易推广应用。

（4）红外热像技术的特点

与其它无损检测方法相比，红外无损检测技术有以下特点。

① 能实现非接触测量，检测距离可近可远。

② 精度比较高。

③ 空间分辨率较高。

④ 反应快。

⑤ 检测时操作简单、安全可靠，易于实现自动化和实时观察。

⑥ 采用周期性热源加热时，加热频率不同可探测不同深度的缺陷。当频率高时，有利于探测表面微裂纹。频率低时，可探测较深缺陷，但灵敏度降低。

⑦ 采用热像仪检测能显示缺陷的大小、形状和缺陷深度。

（5）怎样实现红外热像仪检测物体内部的温度

目前在工业领域或者有些场合，如果要实现红外热像仪检测物体内部的温度，可以参考以下的几种方法。

① 常规方法　打开设备外壳，直接测量温度。

② 为了防止工作人员触电，不在高噪声等环境下工作，可在机械设备需要测温的地方开孔并安装红外窗口，很多都是圆形的、方形红外窗口或定制形状的红外窗口，这时只要用一个红外热像仪就可以做到想要的测温；缺点是增加设备成本。

③ 如果设备是在一个炉内，炉子有玻璃观察窗口，可根据现场设备的温度选择合适的红外热像仪。例如设备温度高于50℃的话，那么可以选用短波、低温红外热像仪来测量。

④ 如果目标内部温度能部分传导到表面，则能通过测量表面温度，可推算内部的缺陷，例如避雷器上下节表面温度温差如有2℃以上，代表内部有缺陷。

5. 薄层活化监测法

薄层活化（Thin Layer Activation，TLA）技术的基本原理是，以加速的带电粒子轰击材料表面，通过核反应生成放射性核素，建立起放射性活度与材料表面厚度的函数关系后，放射性活度的变化可用于表面层损失厚度的定量测定。30多年来，TLA作为一种高精度高灵敏的技术，当难以接触到被测表面或被测表面被重叠结构遮盖时，带电粒子活化或中子活化等核反应方法就成为监测磨损、腐蚀的强有力的工具。薄层活化方法是一种先进的磨损测量技术，在现代工业中的应用越来越广。

同常规的磨损测量方法相比，薄层活化法可以非接触式地无损远程监测材料表面的磨损、腐蚀和冲蚀等，不需拆卸零件，可在线进行磨损测量；可以同时测量一个机器中几个零部件表面的磨损量。该方法灵敏度高，放射性活度很低，在使用时低于国家规定的安全值。

此外，该方法比常规方法所耗的费用更低，试验时间明显缩短，费效更合理。从 20 世纪 70 年代开始，美国、英国、德国、日本等发达国家对 TLA 技术进行了深入的开发并成功地在商业领域中进行了推广应用。与此同时，发展中国家也在实验室里引进了该技术并对磨损腐蚀现象进行研究。薄层活化技术在测量和检测由于磨损或腐蚀而导致材料剥落方面是一种非常有效的技术。

作为在线腐蚀监测技术，TLA 能够对运行的工业设备提供可靠的磨损或腐蚀评价，从而有助于增加各种机器、设备、技术工艺的寿命和可靠性。今后工作的一个重要方面就是要让工业界能进一步的了解到薄层活化法是一种安全、精确、实时、快速、费效比合理的测量方法，通过该方法能够解决他们磨损腐蚀的监测问题，使其生产出结构合理、安全、寿命长的工业产品。

第三节　金属缝隙及管道泄漏监测技术

一、超声波探伤检测

1. 概念

超声波探伤检测，属于反射波检测法，即根据反射波的强弱和传播时间来判断缺陷的大小和位置。超声波检测代表了无损检测领域中的一种重要的检测，它可以测量厚度，也可以检测材料及焊缝的裂纹等缺陷。

2. 超声波探伤的特点

超声波探伤的优势就是便携性，随时可以在现场操作分析。不足之处就是必须涂耦合剂，否则无法实现有效检测。

3. 超声波探伤的特殊应用

另外，除了传统的金属裂缝的探伤检测之外，超声波探伤技术也可以检测水泥结构的一些缺陷；但是，此时必须使用低频超声波，可以及时发现体系材料的劣化及裂缝情况。

二、射线检测

射线检测属于透射波检测法，即射线经过工件时会产生衰减，而当遇到缺陷时，衰减量就发生变化，因而引起底片感光程度的不同，根据底片感光的程度即可判断缺陷的情况。常用的射线有 X 射线和 γ 射线。

射线法的特点就是必须要有底片，才能进行进一步的分析。

三、声发射检测

声发射检测是用于检验关键设备和结构缺陷的一种手段。当对关键设备施以水压使设备产生足够大的应力时，设备的缺陷会以高频声波的形式发出能量。裂缝始发和增长是声发射的重要能源。这种高频声波传送到设置在关键设备上的变送器。由变送器将其转变成电子信号，然后由计算机系统显示出并进行分析。通过测定声音达到特定的变送器上的时间，即可确定出裂纹的位置。

四、磁粉检测

磁粉检测方法应用比较广泛，主要用以探测磁性材料中表面或表面附近的缺陷。一般用以检测焊缝和铸件或锻件，如阀门、泵和压缩机部件、法兰、喷嘴以及类似设备等。

磁粉检测有两个局限性：一是仅能用于可以磁化的材料（即铁磁性材料），而且也不可用于多孔材料，否则获得错误的结果；二是能探知缺陷，但无法检测出缺陷的深度。

五、着色渗透检测

1. 渗透检测的特点

着色渗透检测可以检测非磁性材料的表面缺陷，从而对磁粉检测不能检测的非磁性材料进行检测。着色渗透检测提供了一项补充的手段。

此外，该方法通过强力喷渗透液到金属表面，观察金属另一侧是否有渗透液析出，以发现金属板或者容器壁是否有泄漏或微小裂缝。

2. 着色渗透检测的实施

着色渗透检测的方法如下所示。

① 将染料渗透剂涂刷到容器的内侧。

② 在外侧涂上显色剂。

③ 待几分钟后，如果没有渗透剂渗出使显色剂着色，则可用水压迫使染料通过容器存在的微小裂缝而渗出。

④ 然后再检测外侧的显示剂，如果发现着色成线条，缺陷就是裂纹；如果是斑点，则很可能是气孔缺陷。

六、水压或气压试验检测

水压或气压试验是最普通的泄漏检查方法。水压试验检漏通常是在系统内充以压力水，然后对整个系统用肉眼观察有无泄漏或使整个系统封闭，用仪表观察其压力降来检查。若通过在设备可能泄漏处内侧涂以荧光染料，然后用紫外线照射，观察外部，这样加强了用水压试验检测泄漏的能力。气压试验检漏是水压试验检漏的一种变换形式。用空气或其它气体冲入系统，然后在可能泄漏处的外部涂以肥皂水。观察有无泡沫出现。气压试验比水压试验危险性大，需要采用较低的压力以确保安全。

七、化学指示剂检测

化学指示剂检测一般以气体的形式来应用，常用的是氨和二氧化硫的化合物。氨和二氧化硫是不可见的蒸气，当二者彼此化合时，就会产生一种可辨别、易检测的白色蒸气。化学指示剂对压力部件的铸件检查很有用，在水压试验仅能检测出一点儿渗漏，但缺陷探测不到的情况下，十分有效。

对于复杂的压缩机铸件中心部分的开孔和通道的检查，用其它类型的检查方法均难以进行且不可靠。唯独用化学指示剂的检查方法既可行，又可靠，会使检查得到满意的结果。

八、放射性示踪剂检测

放射性示踪剂检测是将放射性示踪剂（如碘131）加到管道内，随输送介质一起流动，遇到管道的泄漏处，放射性示踪剂便会从泄漏处漏到管道外面。示踪剂检漏仪放于管道内部，在输送介质的推动下行走。示踪剂检漏仪行走过程中，指向管壁的多个传感器可在360°范围内随时对管壁进行监测。

经过泄漏处时，示踪剂检漏仪便可感受到泄漏到管外的示踪剂的放射性，并记录下来。根据记录，可确定管道的泄漏部位。这种方法对微量泄漏检测的灵敏度很高。

九、流量差监测

流量差监测法有监测流量、压力和监测质量、体积两种类型。该监测系统包括流量计系统、远程信号传输系统和流量差计算系统。监测流量、压力的变化，是在管道的出口或入口设置流量、压力测量设备，如果所测流量、压力的变化幅度大于设定值，则发出泄漏报警。这种方式虽然简单，但不能精确定位，而且误报警率较高。监测质量、体积的变化，也是基于对流量进行测量，不同点是将流量的变化归纳为质量和体积平衡图，在质量、体积平衡图上能够较清楚地定量显示出泄漏引起的流量突变，与监测流量、压力的变化相比，该方法可以监测到更小的泄漏量。

十、压力差监测

利用压力差监测的方法很多，这里仅介绍压力点分析法。压力点分析法是一种用于输送气体、液体和多相流体管道检漏的方法，是通过应用计算机分析处理从某一监测点测得的、带有流体压力和速率变化的扩张波，从而确定管道是否泄漏及泄漏量。压力点分析法有一整套设备，包括计算机、软件和与现有 SCADA 系统连接或直接与现场仪表连接的外围设备。飞利浦石油公司在直径为 254mm 的海底管道上安装了压力点分析系统进行试验，该管道输送的介质中含有原油、水、气体和固体。检漏试验的结论为：可监测到直径 3.2mm 或更小的泄漏点，泄漏量为流量的 1.71%。

十一、实时模型监测

实时模型监测是建立管道实时模型，用 SCADA 系统定时采集管道的一组实际参数，如上游、下游的压力和流量，由模型估算管道中流体的压力和流量。然后将这些估算值与实际值进行比较来检漏。1993 年，沈阳东北管道设计院与清华大学自动化系借鉴国外先进技术，研制成功了"输油管道泄漏计算机实时监测系统"。该系统只采用压力信号的 4 种监测方法和 3 种定位方法，最小检漏量为总流量的 0.5%，最大定位误差为被监测管道长度的 2%，反应时间小于 180s。

十二、统计法监测

国际壳牌石油公司开发了一种具有图形识别功能的统计法，即管道泄漏监测系统 AT-MOSPIPE。工作原理是：管道一旦发生泄漏，其流量和压力间的关系就会发生变化，AT-MOSPIPE 采用对管道流量和压力测量值统计分析技术，监测流量和压力之间关系的变化，并以图形显示统计分析结果。当泄漏引起压力和流量变化时，二者之间的关系便呈现为一种特殊的图形，这时进行泄漏报警。与实时模型法不同的是，这种统计方法不采用数学模型估算管道中流体的流量和压力，而是采用测量值监测流量和压力之间的关系变化，因此降低了费用。该系统可连续对管道进行监测，并且具有记忆功能，由于运行条件改变而引起的变化可被记忆下来，因此在运行条件发生变化时仍能适用。这种系统安装费用低、维护简便、误报警率低，可以对液态丙烯酸管道、乙烯管道、天然气管道及液化天然气管道进行0.5%～55%的泄漏监测。

十三、涡流探伤技术

1. 技术概况

涡流探伤技术常用于军工、航空、铁路、工矿企业野外或现场使用，具有多功能、实用性强、高性价比的特点。该技术可广泛应用于各类有色金属、黑色金属管、棒、线、丝、型材的在线、离线探伤。对金属管、棒、线、丝、型材的缺陷，如表面裂纹、暗缝、夹渣和开口裂纹等缺陷均具有较高的检测灵敏度。

涡流探伤技术主要可以实现以下功能。

① 裂缝、缺陷检查。

② 材料厚度测量。

③ 涂层厚度测量。

④ 材料的传导性测量。

对于能源、机械工业而言，该技术最适合发现金属管道的一些缺陷和问题。

2. 涡流探伤原理

涡流检测是无损检测方法之一，它应用电磁学基本理论作为导体检测的基础。涡流的产生源于一种叫做电磁感应的现象。当将交流电施加到导体，例如铜导线上时，磁场将在导体内和环绕导体的空间内产生磁场。涡流就是感应产生的电流，它在一个环路中流动。

之所以叫做"涡流"，是因为它与液体或气体环绕障碍物在环路中流动的形式是一样的。如果将一个导体放入该变化的磁场中，涡流将在导体中产生，而涡流也会产生自己的磁场，该磁场随着交流电流上升而扩张，随着交流电流减小而消隐。因此当导体表面或近表面出现缺陷或测量金属材料的一些性质发生变化时，将影响到涡流的强度和分布，通过检测涡流的变化情况，可以间接知道导体内部缺陷的存在及金属性能是否发生了变化。

因此，利用涡流原理可以解决金属材料探伤、测厚、分选等问题。

3. 涡流探伤的影响因素

影响涡流场的因素有很多，诸如探头线圈与被测材料的耦合程度，材料的形状和尺寸、电导率、导磁率以及缺陷等。

4. 涡流探伤的特点

涡流检测的优越性主要包括以下几点。

① 对小裂纹和其它缺陷的敏感性。

② 检测表面和近表面缺陷速率快，灵敏度高。

③ 检验结果是即时性的。

④ 设备接口性好。

⑤ 仅需要做很少的准备工作。

⑥ 测试探头不需要接触被测物。

⑦ 可检查形状尺寸复杂的导体。

第四节　应力腐蚀开裂的监测

一、应力腐蚀破裂的监测特点

虽然应力腐蚀开裂（SCC）在全部腐蚀破坏事故中的比例非常高，但对它的监测却远远没有获得完满的解决，由于 SCC 的影响因素太多，所以很难找到一种可以普遍适用的方法。

二、反向直流电位降技术

反向直流电位降技术可以实际检测 SCC 裂纹生长的情况，而且效果较好。该法灵敏度很高，可以测量小到 $5\mu m$ 的裂纹扩展量。

另外，1Cr18Ni9Ti 这种奥氏体不锈钢在 H_2S-H_2O 发生腐蚀渗氢后，部分奥氏体会转变成为顺磁性的马氏体，而该材料对于硫化物存在的环境特别敏感，从而导致硫化物应力腐蚀开裂（SSCC）；加上存在渗氢的现象，往往就会发生氢脆型的 SSCC。

在 H_2S 腐蚀引起的破坏中，应力腐蚀破裂占很大比例，造成的破坏也最大。在天然气、石油钻采中出现油气管、套管、阀门等硫化物应力腐蚀破裂事故调查中，发现 SSCC 具有如下特点。

① 在比预想低得多的载荷下断裂。

② 一般材料经短暂暴露后就出现破坏，以一星期到三个月的情况为多。但也有例外，例如合金钢制的气体钢瓶发生 SSCC 所经历的时间从开始充气后的 24 小时至 5 年。

③ SSCC 的发生一般很难预测，事故往往是突发性的。

④ 材料呈脆性断裂状态，断口平整。

⑤ 碳钢和低合金钢断口上明显地覆盖着硫化物腐蚀产物，而不锈钢表面及断口往往无明显腐蚀迹象，腐蚀产物极少。

⑥ 破裂源通常位于薄弱部位，这些部位包括应力集中点、机械伤痕（如刻痕、铲痕、打硬度痕迹等）、蚀孔、蚀坑、焊接热影响区、焊缝缺陷、冷加工、淬硬组织等。

⑦ 裂纹粗，无分支或少分支，多为穿晶型，也有晶间型或混合型。

⑧ 对材料的强度与硬度依赖性很强，高强度、高硬度的材料对 SSCC 十分敏感。

⑨ 未回火马氏体组织对 SSCC 特别敏感。

三、环境影响因素

1. 硫化氢浓度

从钢材阳极过程产物的形成来看，硫化氢浓度越高，钢材的失重速率也越快。

对应力腐蚀开裂的影响，高强度钢即使在溶液中硫化氢浓度很低（体积分数为 1×10^{-3} mL/L）的情况下仍能引起破坏，硫化氢体积分数为 $5\times10^{-2}\sim6\times10^{-1}$ mL/L 时，能在很短的时间内引起高强度钢的硫化物应力腐蚀破坏，但这时硫化氢的浓度对高强度钢的破坏时间已经没有明显的影响了。硫化物应力腐蚀的下限浓度值与使用材料的强度（硬度）有关。碳钢在硫化氢体积分数小于 5×10^{-2} mL/L 时破坏时间都较长。NACE MR0175－1988 标准认为发生硫化氢应力腐蚀的极限分压为 0.34×10^{-3} MPa（水溶液中 H_2S 浓度约 20mg/L），低于此分压不发生硫化氢应力腐蚀开裂。

2. pH 值对硫化物应力腐蚀的影响

随 pH 值的增加，钢材发生硫化物应力腐蚀的敏感性下降。

pH≤6 时，硫化物应力腐蚀很严重。

6＜pH≤9 时，硫化物应力腐蚀敏感性开始显著下降，但达到断裂所需的时间仍然很短。

pH＞9 时，很少发生硫化物应力腐蚀破坏。

3. 温度

在一定温度范围内，温度升高，硫化物应力腐蚀破裂倾向减小（温度升高，硫化溶解度减小）。在 22℃左右，硫化物应力腐蚀敏感性最大。温度大于 22℃后，温度升高，硫化物应力腐蚀敏感性明显降低。

对钻柱来说，由于井底钻井液的温度较高，因而发生电化学失重腐蚀严重。而上部温度较低，加上钻柱上部承受的拉应力最大，故而钻柱上部容易发生硫化物应力腐蚀开裂。

4. 流速

流体在某特定的流速下，碳钢和低合金钢在含 H_2S 流体中的腐蚀速率，通常随着时间的增长而逐渐下降，平衡后的腐蚀速率均很低。如果流体流速较高或处于湍流状态时，由于钢铁表面上的硫化铁腐蚀产物膜受到流体的冲刷而被破坏或黏附不牢固，钢铁将一直以初始的高速腐蚀，从而使设备、管线、构件很快受到腐蚀破坏。

因此，要控制流速的上限，使冲刷腐蚀降到最小。通常规定阀门的气体流速低于 15m/s。相反，如果气体流速太低，可造成管线、设备低部集液，而发生因水线腐蚀、垢下腐蚀等导致的局部腐蚀破坏。因此，通常规定气体的流速应大于 3m/s。

5. 氯离子

在酸性油气田水中，带负电荷的氯离子，基于电荷平衡，它总是争先吸附到钢铁的表面，因此，氯离子的存在往往会阻碍保护性的硫化铁膜在钢铁表面的形成。但氯离子可以通过钢铁表面硫化铁膜的细孔和缺陷渗入其膜内，使膜发生显微开裂，于是形成孔蚀核。由于氯离子的不断移入，在闭塞电池的作用下，加速了孔蚀破坏。

在酸性天然气气井中与矿化水接触的油套管腐蚀严重，穿孔速率快，与氯离子的作用有着十分密切的关系。

第五节　新型腐蚀监测方法

一、场图像技术

场图像技术（FSM）也可译成"电指纹法"。通过在给定范围进行相应次数的电位测量，可对局部现象进行监测和定位。FSM 的独特之处在于将所有测量的电位同监测的初始值相比较，这些初始值代表了部件最初的几何形状，可以将它看成部件的"指纹"，电指纹法名称即得名于此。

与传统的腐蚀监测方法（探针法）相比，FSM 在操作上没有元件暴露在腐蚀、磨蚀、高温和高压环境中，没有将杂物引入管道的危险，不存在监测部件损耗问题，在进行装配或发生误操作时没有泄漏的危险。运用该方法对腐蚀速率的测量是在管道、罐或容器壁上进行，而不用小探针或试片测试，其敏感性和灵活性要比大多数非破坏性试验 NDT 好。

此外该技术还可以对不能触及部位进行腐蚀监测，例如对具有辐射危害的核能发电厂设备的危险区域裂纹的监测等。

二、恒电量及半电位测量技术

恒电量技术作为一种研究和评价钢筋腐蚀的方法，在某些方面比传统的方法具有优势，它有着快速、扰动小、无损检测和结果定量等优点。恒电量技术通过拉普拉斯或傅里叶变换等时-频变换技术，从恒电量激励下衰减信号的暂态响应曲线得到电极系统的阻抗频谱，可以实现实时在线测量，因此是一种极具应用潜力的腐蚀监测方法。

钢筋在混凝土中锈蚀是一种电化学过程。此时，在钢筋表面形成阳极区和阴极区。自然电位法是现在应用最广泛的钢筋锈蚀检测方法。该方法把钢筋混凝土作为电极，通过测量钢筋电极和参考电极的相对电势来判断钢筋的锈蚀情况。在这些具有不同电位的区域之间，混凝土的内部将产生电流。钢筋和混凝土可以看作半个弱电池组，钢的作用是一个电极，而混凝土是电解质，这就是半电池电位检测法的名称来由。

半电池电位法是利用"$Cu+CuSO_4$ 饱和溶液"形成的半电池与"钢筋＋混凝土"形成的半电池构成一个全电池系统。由于"$Cu+CuSO_4$ 饱和溶液"的电位值相对恒定，而混凝土中因钢筋锈蚀产生的化学反应将引起全电池的变化。半电池电位法的原理要求混凝土成为电解质，因此必须对钢筋混凝土结构的表面进行预先润湿。采用 95mL 家用液体清洁剂加上 19L 饮用水充分混合构成的液体润湿海绵和混凝土结构表面。检测时，保持混凝土湿润，但表面不存有自由水。

依据 GB/T 50344—2004《建筑结构检测技术标准》中的电化学测定方法（自然电位法），采用极化电极原理，通过铜/硫酸铜参考电极来测量混凝土表面电位，利用通用的自然电位法判定钢筋锈蚀程度。混凝土中钢筋锈蚀状态判据如下所示。

① 电位＞－150mV 时，钢筋状态完好，无锈蚀活动性或锈蚀活动性不确定。

② －400mV＜电位＜－150mV 时，有锈蚀活动性，但锈蚀状态不确定，可能坑蚀。

③ 电位＜－400mV 时，锈蚀活动性较强，发生锈蚀概率大于 90%。

自然电位法的优点是设备简单、操作方便。缺点是只能定性地判定钢筋锈蚀的可能程度，不能定量测量钢筋锈蚀比例；在混凝土表面有绝缘体覆盖或不能用水浸润的情况下，不能使用该种方法进行测试。该方法操作简单、测试速率快，便于连续测量和长时间跟踪，在各国应用都比较广泛，也是目前国内使用最多的测试方法。

三、光电化学方法技术

在光的照射下，光被金属或半导体电极材料吸收，或被电极附近溶液中的反应剂吸收，造成能量积累或促使电极反应发生；光电化学过程体现为光能与电能和化学能的转换，例如光电子发射、光电化学电池的光电转化、电化学发光等。

将光电化学方法应用到腐蚀体系的研究，本质上是一种原位研究方法，对于表征钝化膜的光学和电子性质、分析金属相合金表面层的组成和结构以及研究金属腐蚀过程均有很好的效果。图7-2给出了薄膜材料的光电化学测试系统示意图。

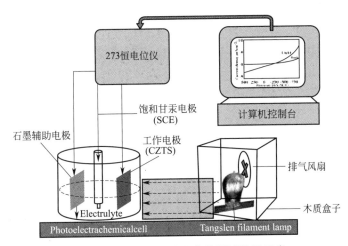

图 7-2　薄膜材料的光电化学测试装置示意

作为一种在微米及纳米尺度范围内研究光电活性材料及光诱导局部光电化学的新技术，激光扫描光电化学显微技术的研究不仅丰富了人们从较微观的角度对金属氧化膜电极、半导体电极表面修饰及腐蚀过程等的认识，而且也促进了光电化学理论的发展与完善，今后该技术将在金属钝化膜的孔蚀及其破坏过程研究中有广阔的应用前景。

四、超声相控阵技术监测金属内部缺陷

1. 超声相控阵技术

超声相控阵技术是新型的监测金属内部缺陷的技术。该技术通过控制换能器阵列中各阵元的激励（或接收）脉冲的时间延迟，改变由各阵元发射（或接收）声波到达（或来自）物体内某点时的相位关系，实现聚焦点和声束方位的变化，完成声成像的技术。

由于相控阵阵元的延迟时间可动态改变，所以使用超声相控阵探头探伤主要是利用它的声束角度可控和可动态聚焦两大特点。

超声相控阵通过 32 组晶片发射超声波，频率范围 2.5～7.5MHz，可以生成高清、高效

的三维图像，不仅是传统的二维波形了。

2. 超声相控阵的特点

超声相控阵检测技术具有以下的特点。

① 生成可控的声束角度和聚焦深度，实现了复杂结构件和盲区位置缺陷的检测。

② 通过局部晶片单元组合实现声场控制，可实现高速电子扫描；配置机械夹具，可对试件进行高速、全方位和多角度检测。

③ 采用同样的脉冲电压驱动每个阵列单元，聚焦区域的实际声场强度远大于常规的超声波检测技术，从而对于相同声衰减特性的材料可以使用较高的检测频率。

超声相控阵中的每个阵元被相同脉冲采用不同延迟时间激发，通过控制延迟时间控制偏转角度和焦点。实际上，焦点的快速偏转使得对试件实施二维成像成为可能。

3. 超声相控阵的工作原理

相控阵超声成像系统中的数字控制技术主要是指波束的时空控制，采用先进的计算机技术，对发射/接收状态的相控波束进行精确的相位控制，以获得最佳的波束特性。这些关键数字技术有相控延时、动态聚焦、动态孔径、动态变迹、编码发射、声束形成等。

（1）相控延时

相控阵超声成像系统使用阵列换能器，并通过调整各阵元发射/接收信号的相位延迟（Phase Delay），可以控制合成波阵面的曲率、指向、孔径等，达到波束聚焦、偏转、波束形成等多种相控效果，形成清晰的成像。可以说，相位延时（又称相控延时）是相控阵技术的核心，是多种相控效果的基础。

（2）动态聚焦

相控聚焦原理设阵元中心距为 d，阵列换能器孔径为 D，聚焦点为 P，焦距为 f，媒质声速为 c。根据几何声程差，可以计算出各阵元发射波在 P 点聚焦。

4. 超声相控阵检测设备

超声相控阵的检测设备包括硬件和软件两部分。

（1）硬件

硬件有超声信号发射和接收装置，通过相控阵探头发射阵列式脉冲形成聚焦束，穿过物体后的超声波被接收并进行信号的放大、滤波、检波，然后进行 A/D 转换作进一步的信号处理。

（2）软件

软件部分主要是将接收到的信号进行计算机数据处理获取所需要的生成图像的数据。

5. 超声相控阵的优势

超声相控阵技术除了传统的检测范围，如金属内部缺陷的查找，还可以有效地检测一些非金属材料的缺陷。

例如在电网系统或者船舰系统，由于环境的苛刻性导致绝缘电缆的使用情况不良，这时可以采用该技术提前发现电缆的断裂、水树等问题；另外，也可以及时发现绝缘子的断裂前兆。

五、高温氢腐蚀的超声波检测

1. 碳钢低合金钢的氢腐蚀机理

碳素钢、低合金钢在高温高压氢作用下（温度大于 220℃、氢分压大于 1.4MPa），其组织发生脱碳，渗碳体分解，并不断发生甲烷气（$Fe_3C + 2H_2 \longrightarrow 3Fe + CH_4$）。随着甲烷量不断增多，沿晶界开始出现大量微裂纹，微裂纹的扩展又为氢和碳的扩散提供了有利的条件。

如此往复，最终会使钢完全脱碳，裂纹连成网络，钢的强度、韧性也丧失殆尽。但是奥氏体不锈钢在所有温度下都具有高的抗氢腐蚀能力。

2. 基体母材氢腐蚀超声检测

母材氢腐蚀超声检测通常有三种方法：速度比率法、衰减法和反向散射法。氢腐蚀通常会使超声声速降低，散射与衰减增加。特别是高温氢腐蚀还会使横波与纵波声速之比增加。

（1）速度比率法

速度比率法可测出远离焊缝母材上发展阶段的显微高温氢腐蚀，并可将其与钢板夹层区分开。但速度比率法不能检测早期的氢腐蚀，一般仅能检测＞20％板厚的损伤。如有复合层还会产生假象。

（2）衰减法

频谱分析法属于衰减法，根据波幅-频率关系分析第一底波信号，高温氢腐蚀衰减高频反射多于低频反射。

频谱分析法对高温氢腐蚀内部微裂纹非常灵敏，也可将其与钢板夹层区分开。

（3）反向散射法

反向散射法首次应用于 20 世纪 80 年代，要注意的是一些夹层与高温氢腐蚀的缺陷信号识别，尤其在夹层夹杂物与内壁靠得很近的时候。

近几年超声相控阵系统在工业上已有一些应用，超声相控阵技术基本能鉴别出缺陷信号是夹层还是高温氢腐蚀。因为高温氢腐蚀总是与内壁表面连在一起而且分布很均匀，而材料的其它不连续性则往往比较分散孤立。

3. 焊缝热影响区氢腐蚀的超声检测

除了母材可能发生氢腐蚀外，焊接后的焊缝两侧热影响区晶粒长大，并存在焊接应力，如果焊后未经热处理或热处理不当，那么焊缝热影响区的抗氢能力甚至会低于母材，焊缝两侧也会出现平行于焊缝的非常狭窄的高温氢腐蚀带和裂纹。

焊缝热影响区氢腐蚀超声检测采用斜射波技术。常用的方法有超声横波法、衍射时间法（TOFD）和爬波法。

（1）超声横波法

由于焊缝热影响区氢腐蚀裂纹初期尤其细小，横波检测需要有非常高的灵敏度，以便能从背景噪声中识别出缺陷信号来，这时探头灵敏度可通过某一特定的小直径（如小于0.4～0.5mm）侧面钻孔来测试。

（2）衍射时间法

衍射时间法（TOFD）是以测出缺陷端头的位置为基础的，与普通的超声法不同。它的主要优点是缺陷的检出和定量与探测方向、缺陷取向无关，它的缺点之一是虽然能够检出微裂纹，也能够检出气孔、夹渣等体积性缺陷，但不能把它们区分开。

因此为了区分缺陷是微裂纹还是体积性缺陷，通常还要以斜射横波技术来进行补充检测。

（3）爬波法

也有一些检测人员运用爬波法来检测焊缝热影响区氢腐蚀。不管用哪一种方法，应该指出的是如果母材有高温氢腐蚀，那么散射往往会减少斜射声波传播到热影响区的氢腐蚀裂纹。

4. 高温氢腐蚀的检测案例

2004年，法国一家炼油厂的一台反应器进行超声检测。材料为C-0.5Mo钢，A204B钢，壁厚65mm，无包覆层，1972年投入运行，在碳钢曲线上方（非安全使用区）运行。反向散射法检测表明三处有明显的高温氢腐蚀迹象存在，深度尺寸大约为壁厚的40%，经复查及内壁磁粉检测，确认有严重的高温氢腐蚀。然而也正是这台反应器，2003年另外一家无损检测公司对其进行反向散射法检测时却并没有发现高温氢腐蚀存在。

超声检测作为易受氢腐蚀设备的一种定期检验手段，能够发现有严重缺陷及可疑部位，可以结合不同的检测方法进行复验（如荧光磁粉检测）。

第六节　腐蚀失效分析

一、腐蚀失效分析的目的

当材料性能不能满足服役（或制造、试车和贮运）时的力学、化学和热学等外界条件时，就会发生失效。对于石油、电力、机械、海洋工程等行业中广泛使用的金属结构材料，腐蚀是主要的失效方式之一。因此，腐蚀失效分析的目的不仅是对腐蚀失效性质的判断和腐蚀失效原因的确认，而且要积极寻找预防重复腐蚀失效的有效途径，防止重大失效事故的发生，确保设备或装置安全运行。

同时，腐蚀失效分析也可为技术开发和技术改造等提供信息、方向、途径和方法，是进行宏观经济和技术决策的重要科学信息来源。

二、腐蚀失效分析的步骤和方法

1. 现场调查

保护腐蚀失效现场的一切证据，是保证腐蚀失效分析得以顺利有效地进行的先决条件。要对腐蚀失效现场进行取证，并听取相关设备负责人、操作者等介绍情况，了解服役条件，收集相关的背景信息（如介质种类，温度，压力以及设备或管线的材质等，并且收取适量的腐蚀产物）。在观察和记录时可用摄影、录像、录音和绘图及文字描述等方式进行，应注意观察和记录的项目主要有以下几项。

① 失效设备的名称、尺寸、形状、材料牌号、制造厂家及全部的制造工艺历史（了解冶炼、铸造、加工、热处理及装配等情况）、投入运行日期、运行记录、维修记录、工艺流程及操作规程等。

② 失效设备或部件的结构和制造特征以及失效部件和碎片的腐蚀外观，如附着物和腐蚀生成物的收集以及一切可疑的杂物和痕迹的观察等。另外，当肉眼无法直接观察到腐蚀特征时，还可以采用探伤和现场金相观察等手段进一步对腐蚀情况进行详细的了解和观察。

③ 腐蚀失效设备或管线的服役条件及服役历史（介质环境、温度、压力和以前相关的监测情况），应特别注意环境细节和异常工况，如突发超载、温度变化、压力和偶然与强腐蚀介质的接触等。如有必要可以选取合适的介质进行实验室分析。

④ 听取操作人员及佐证人介绍发现腐蚀失效的情况及其相应的处理方法。

⑤ 收集同类或相似部件过去曾发生过的腐蚀失效情况。

2. 实验室分析

宏观观察

微观组织分析

化学成分分析

腐蚀形貌观察

腐蚀产物分析

介质分析

3. 提出补救或预防措施

作业练习

1. 腐蚀监测的特点和要求是怎样的？

2. 腐蚀监测技术方法有哪些主要分类？

3. 线性极化法主要用于什么场合？

4. 氢探针检测法的特点和适用条件是什么？

5. 常用的电子光学微观分析仪器有哪些？分别有什么适用条件？

6. 无损检测方法有哪些分类？

7. 红外热成像无损检测技术的优势是什么？

8. 电化学噪声技术可以监测什么类型的腐蚀？

9. 薄层活化法的特点和适用场合是什么？

10. 具有图形识别功能的管道泄漏监测方法是怎样的？

11. 反向直流电位降技术为什么可以监测 SCC？

12. 硫化物应力腐蚀开裂 SSCC 是哪种类型的腐蚀？有什么特点？

第八章

防腐工程的行业特点及腐蚀评估

第一节　防腐蚀的必要性

一、腐蚀造成的经济损失

金属腐蚀问题遍及国民经济的各个领域，它给人们带来的经济损失是巨大的。据世界上工业发达国家的调查统计，腐蚀造成的经济损失约占当年国民经济生产总值的 1.5％～4.2％。美国 1975 年腐蚀造成的经济损失为 700 亿美元，为美国当年生产总值的 4.2％。而美国全年水灾、火灾、地震和飓风所造成的损失，据估算约 123 亿美元。因此，腐蚀损失远远大于上述各项损失的总和。据报道，1986 年美国的腐蚀损失竟高达 1700 亿美元。我国 1993 年腐蚀损失达人民币 1000 多亿元，平均每天损失约 3 亿元。据估算，我国 2009 年因腐蚀所造成的经济损失已经超过 1 万亿元，而海洋腐蚀所引起的损失占全部腐蚀损失的 1/3。如能采取有效的防护措施，腐蚀损失可以减少 25％～40％。

腐蚀造成的经济损失可分为直接损失和间接损失。直接损失包括更换已被腐蚀的设备、为防止腐蚀所进行的阴极保护、向水中添加缓蚀剂、选用耐蚀合金代替碳钢等。间接损失包括设备停用的利润损失、腐蚀泄漏引起的产品流失、腐蚀破损引起的效率降低、腐蚀产物导致的产品污染等。间接损失远大于直接损失，例如电厂锅炉的一根水冷壁管只值几百元，而腐蚀引起的爆管导致停电、甚至大批工厂的间接损失是十分严重而又难以估计的。

二、腐蚀导致的事故灾难

腐蚀不仅引起严重的经济损失，而且对人民生活、生命财产也带来严重威胁。腐蚀引起的灾难性事故而导致的伤亡人数尚无完整的统计数字，但是，近年来腐蚀引起的灾难性事故屡见不鲜，损失极为严重。

例如，1988年元旦，某电厂由于水冷壁管腐蚀，导致一人烫死、六人烫伤；1985年8月12日，日本的一架波音747客机由于应力腐蚀破裂而坠毁，一次死亡500余人。

三、腐蚀引发的资源浪费

腐蚀还造成金属资源和能源的大量浪费。据统计每年因腐蚀要损耗10%～20%的金属。若以我国1986年年产粗钢5000万吨计，取下限10%，则每年也要有500万吨钢被腐蚀掉。这比上海宝山钢厂一期工程的年产量还要多75%。

化学、石油、农药等工业中，腐蚀造成的设备的跑冒滴漏，使许多有毒物质泄漏，不仅污染环境，同时也危害着人民的健康。此外，金属腐蚀问题得不到解决，许多新技术无法实现。例如，美国的阿波罗登月飞船储存N_2O_4的高压容器曾发生应力腐蚀破裂，若不是及时研究出加入0.6%NO解决这一腐蚀问题，登月计划将会推迟若干年。

又如，我国的发电机组已经基本上为亚临界、超临界压力机组，若不对热力设备的腐蚀问题采取对策，机组便无法安全经济运行。因此，金属的腐蚀与防护对现代科学技术发展有极为重要的意义。

随着科学技术的发展，金属腐蚀与防护越来越引起人们的关注。

第二节　腐蚀调查

一、腐蚀调查的目的和意义

随着大规模基础设施建设投入的增加，腐蚀控制问题更关系到工业关键设备的选择，对腐蚀状况的了解就变得尤其重要。腐蚀调查达到以下几个方面的目的。

① 对腐蚀所造成的损失有一个比较准确的估计，以便进一步寻求控制腐蚀的对策和措施。

② 了解当前所面临的比较突出的腐蚀问题及防腐蚀的方法、措施和防腐成果，以寻求防腐技术的新发展。

③ 了解当前防腐蚀工作的实力，包括组织、人员、仪器。

二、腐蚀调查的发展渊源

20世纪70年代前后许多工业发达国家相继进行过较为系统的腐蚀调查。这些报告达到了一种共识：国民经济为腐蚀付出了高额的代价，其数值可占全国国民生产总值（GNP）的 $1\%\sim5\%$，但其中大约 1/3 是可以通过改变防腐蚀措施来避免的。

21 世纪各国的经济状况和相应的产业结构都发生了显著变化，这使人们感到再次进行腐蚀损失调查的必要。此外，人们也逐渐学会利用系统工业观点和方法来看待世界。例如利用设备使用寿命期内总费用的全分析方法和以风险分析为基础的检测概念来处理腐蚀问题。

1. 美国的腐蚀调查

1995 年 Battelle Memorial Institute 对二十年来的腐蚀调查进行了重新评估。每年腐蚀损失为 3000 亿美元，相当于 $4\%\sim5\%$ GNP。

1999 年议会拨款 100 万美元进行美国金属腐蚀评估。调查结果表明：美国 1998 年总的腐蚀损失为 2757 亿美元，其中直接经济损失为 1379 亿美元。20 年来，美国普及了耐蚀材料，采用了适宜的防蚀方法，腐蚀研究和防蚀技术的进步使整体损失由占 GNP4.9％减少至 4.2％。

2. 日本的腐蚀调查

日本腐蚀防蚀协会于 1999 年开展了新一轮的为期两年的腐蚀调查。用 Uhlig 和 Hoar 两种方法估算的 1997 年全日本腐蚀损失分别为 39380 亿日元和 52580 亿日元，占当年 GNP 的 0.77％和 1.02％。考虑腐蚀间接损失，用输入/输出分析法，整个腐蚀损失要比用 Uhlig 方法估算的值高 2～4 倍。

3. 中国的腐蚀调查

1999 年来，我国进行了"中国工业与自然环境腐蚀问题调查与对策"的大型全国性腐蚀调查。我国 1999 年腐蚀调查依托于中国腐蚀与防护学会，其目的是以典型调查为主，搞清我国腐蚀状况，尽可能地对经济损失做出准确估算，对存在的主要腐蚀及采取的防护措施提出建议。

腐蚀损失的调查结果表明每年为腐蚀支付的直接费用已达 2000 亿元人民币以上。腐蚀费用的总和估计可达 5000 亿元，约占国民经济总值的 5％。

三、腐蚀调查的基本要素

腐蚀调查的基本要素包括调查目的、调查对象、调查区域（范围）、调查方法、调查时间和经费预算。采用典型调查和统计相结合的方法，以腐蚀问题比较普遍或严重、有典型性和代表性、专业人员基础好和可用资料较为完整的企业（行业）作为重点。

国际上对于腐蚀损失的评估，采用的有 Uhlig 方法、Hoar 方法以及 Battelle 方法。

Uhlig 方法是从生产、制造方面单纯地累加直接防蚀费进行评估。例如，要算出表面涂装、镀层等表面处理、耐蚀材料、防锈油、缓蚀剂。

Hoar 方法是按各使用领域的腐蚀损失和防蚀费的总和进行推算。

Battelle 方法是根据企业生产关联表，用投入/产出矩阵方法进行统计，同一系统在同一条件下，将无腐蚀、含腐蚀、腐蚀被控制三种情况下的总费用进行比较，推算腐蚀损失。

四、网络腐蚀调查

利用网络的调查和对网络情况的调查，通过数据信息网可进行数据信息的汇总与交换。根据腐蚀规律研究制定统一的防腐蚀措施，开发设备腐蚀与防护专家系统，开展远程设备腐蚀事故专家及时诊断。

网络调查方法与技术对腐蚀调查法提供了一种前所未有的技术方法来对调查结论的科学处理，即利用数据库技术可先后建立调查对象特征数据库，有一个可管理的依据和可能。在三个数据库技术之上建立了调查法，可得到传统方式下所无法获得的分析结论。

五、调查指标

调查指标就是反映腐蚀现象的类别、状态、规模、速率和发展趋势等特性。调查指标是一种量化的研究工具。调查指标最基本的功能是反映事物的状态，使人们易于了解和把握。还具有比较和评价的功能。

调查指标具有以下几个特点：①具体性；②计量性；③易于解释性；④时间性。

调查指标的分类：①定类指标、定序指标、定距指标和定比指标；②描述性指标和评价性指标；③信息性指标和预测性指标；④肯定指标、否定指标和中性指标。

第三节　典型工业行业的腐蚀危害

由于腐蚀问题在不同行业中有不同的表现形式、不同的腐蚀特征、不同的危害程度，而且我国腐蚀防护技术的应用在不同行业中是不平衡的，因此，腐蚀调查的针对性，腐蚀调查的内容、指标、腐蚀调查的方式方法也会有较大的差异。

一、石油开采、运输行业

钻井、采油和采气系统的腐蚀主要是钻杆、抽油杆的腐蚀、疲劳、腐蚀磨损，油套管的腐蚀穿孔。

油气产出物中所含的腐蚀介质主要有 CO_2、H_2S、H_2O 及一些盐类。

油气长输管线的腐蚀分为管内和管外。管内的腐蚀是油气产出物中所含的腐蚀介质引起的腐蚀。管外腐蚀主要是由于管外包覆层由于种种原因破坏，导致管道金属遭受土壤和地下水分的电化学腐蚀。

二、电力行业

火电厂的腐蚀故障有：运行和停运中的氧腐蚀引起的省煤器管穿孔泄漏；由于酸、碱和氧作用造成水冷壁管腐蚀穿孔或脆爆；由于高温氧化引起的过热器管内外壁腐蚀和蠕胀破裂；水冷壁管结垢所引发的腐蚀与超温变形；凝汽管内外壁的各种类型腐蚀；汽轮机叶片的断裂及蒸汽初凝区的腐蚀；水冷机组空心导线腐蚀污塞及超温；发电机绕组结露引发的绝缘损坏和护环开裂。

造成火电厂腐蚀故障的主要原因在于锅炉水和循环冷却水的水处理；造成电网腐蚀故障的主要情况包括两个方面，分别是接地网的腐蚀和高压直流输电冷却水的腐蚀。

1. 变电站接地装置及其作用

变电站的所有设备都要接地，变压器的中性点接地叫工作接地，主要作用是加强低压系统电位的稳定性，减轻由于一相接地，高低压短接等原因产生过电压的危险性。

变电站所有设备的金属外壳接地叫保护接地。保护接地就是将正常情况下不带电，而在绝缘材料损坏后或其它情况下可能带电的电器金属部分（即与带电部分相绝缘的金属结构部分）用导线与接地体可靠连接起来的一种保护的方式。

接地装置是接地体（埋入地中并与大地直接接触的一组金属导体）和接地引下线（电气设备接地部分与接地体连接的金属导体）的总称。其作用是通过降低接地电阻，加速接地电流的扩散，减少地电位的升高。接地装置在变电站中的作用很重要，一个合乎规范要求的接地装置，可以保障变电站发生接地故障时，防止电缆在短路状态下损坏其它设备以及人身安全，通过接地可以使短路电流直接对地进行释放，保障人身和设备的安全。

变电站接地要求十分严格。首先，变电站要求在控制室、配电室、变电站各处铺设地网，地网的材质、形状等规定很细致，地网的接地电阻不得大于 0.5Ω。另外，避雷针的接地及与地网的关系还有特殊要求。

变电所中的接地 PT（电压互感器）是接在中性点的电压互感器，它起到消弧线圈的作用，主要用在 35kV 及以下小电流接地系统中，在发生接地故障时用于中和接地电容电流，防止产生间歇性过电压。

腐蚀的发生将造成接地网接地性能不良，满足不了热稳定性要求，无法承受雷电冲击或短路事故形成的大电流。一旦接地网烧毁，设备接地点的电位及地表的局部电位差猛升，高压窜于二次回路，造成设备大量毁坏，甚至危及人身安全。

2. 接地网保护及特点

接地网主要起保护作用，合格的接地网可以有效地保证用电设备的漏电安全，对避雷也有帮助。不论外部安装避雷针还是避雷器，其最终目的都是将入侵雷电能量或内部浪涌（过电压）引导泄流入地，以避免雷击伤害，因此最终的泄流入地是整个防雷工程的关键，接地是保证电流安全迅速泄入大地的重要环节。

铜包钢接地棒是为了让导体与大地充分接触以保证电流的顺利泄流必不可缺的接地设备之一。铜包钢接地棒的材质一般为铜包钢，如钢表面镀铜，即有铜的高导电性能又兼有钢的特性，目前有很多公司生产这种接地棒。

铜包钢接地棒适用于一般环境和潮湿、盐碱、酸性土壤及产生化学腐蚀介质的特殊环境，一般不做防腐处理。对土壤无特殊要求，土壤电阻率越小越好。如土壤导电性不能满足使用要求，一般可加深埋设深度。纯铜接地棒性能固然好，但是成本高，强度差，不宜打入地下，很多场合可用上述铜包钢接地棒。

由于土壤中活性离子的含量是影响接地电阻的因素之一，许多土壤中含有活性电解离子的化合物较为稀少，单纯的接地体不会达到接地要求。经过实验比较，铜包钢接地棒中加入可逆性缓蚀填充剂。这种填充剂具有吸水、放水、可逆的特点。这种可逆反应，有效地保证了壳层内环境的有效温度，保证了接地电阻的稳定。该填充剂无毒副作用，在与金属电极长期配合作用中，在离子生成及对铜合金防止腐蚀两方面都达到了较好的效果。通过这种方式产生的离子吸收大地水分后，可以通过潮解作用，将活性电解离子有效释放到周围的土壤中，使接地棒成为一个离子发生装置，从而改善周边土质使之达到接地要求。

通过缓蚀接地棒与增效电解离子填充剂的共同作用，形成了一个壳层内环境，这一内环境内外融合渐向四周扩散，共同完成了壳层土壤化学处理作用。从而有效解决了接地技术中的诸多难题，成为一种良好的技术替代方案。

3. 接地网的土壤腐蚀

接地网在土壤中的腐蚀属于典型的电化学腐蚀，同时存在着阴极反应和阳极反应两个过程，阴极、阳极和土壤电解质共同构成腐蚀电池。其电极反应过程如下所示。

土壤腐蚀的阳极反应过程是金属材料的腐蚀过程；阴极过程主要是氧与电子生成氢氧根离子的过程，如果在酸性很强的土壤中，主要是氢离子与电子结合生成氢气。

影响土壤腐蚀性的因素包括：土壤电阻率、土壤含水量、含氧量、含盐量、pH值、温度、微生物和杂散电流腐蚀。土壤中微生物的腐蚀，主要是硫酸盐还原菌的作用引起的。硫酸盐还原菌生存在土壤中，是一种厌氧菌，它可以参加电极反应将硫酸盐转化成硫化氢，并和铁作用生成硫化亚铁。由于生成硫化氢，使土壤中氢离子浓度增大，阴极反应过程氢的去极化作用增强，加速了腐蚀作用。

硫酸盐还原菌肉眼是看不见的，生长在潮湿并含有硫酸盐可以转化的有机物和无机物的缺氧土壤中。当土壤pH值在5～9之间，温度在25～30℃时最有利于该细菌的生长繁殖。尤其在pH值为6.2～7.8的沼泽地带和洼地中，细菌活动最激烈，当pH值在9以上时，硫酸盐还原菌的活动受到抑制。

4. 接地网的电解腐蚀

由于变电站接地网要承受雷击电流及电网不平衡电流的泄流作用，因此，接地网不仅要受到土壤的自然腐蚀，还要受到上述杂散电流的电解腐蚀。

实验表明，由于杂散电流的影响，钢铁材料在土壤中的腐蚀速率明显加快，这也是接地网腐蚀区别于金属材料在其它工况条件的腐蚀的一个显著特征。杂散电流腐蚀分为直流杂散电流腐蚀和交流杂散电流腐蚀，变电站接地装置以交流杂散电流腐蚀为主。杂散电流腐蚀在强度上要比自然腐蚀大得多，在强电场的作用下杂散电流造成的集中腐蚀破坏后果非常严重，如壁厚8～9mm的钢管，快则2～3月就会腐蚀穿孔。因此杂散电流是造成变电站接地装置短期内局部锈断的主要原因之一。

5. 变电站的腐蚀事故案例及防腐设计要求

1994年1月，四川华蓥山电厂因变压器中性点接地线严重腐蚀处放电，将高电位引入主控室，造成多处击穿、短路，总保险熔断使故障不能自动切除，导致2号主变、2号发电机着火，3号、4号发电机损坏，全厂停电。

以1000kW 10kV/0.4kV变电站的设计为例，盖一层低压配电室，必须解决如下问题：地线网如何做？能否在配电室下面用角铁打成接地网？打多少根？一般参考什么规范标准？高压避雷器接地如何做？都应注意些什么？

要合理地设计出该变电站，必须执行电力621规范。首先，接地网要达到的电阻值按规定是0.5欧，土壤电阻率符合规定，地网设计使用年限不低于30年；另外，地理位置与防雷击等级也要符合相应的规定。根据这些特点，该变电站至少配5根2″火镀锌钢管（长2米），在室外挖深1米的5个坑，间距1.5～2米成圆周放射形；把钢管打入坑内，坑与坑间挖沟联通，用火镀锌扁钢焊连在一起，再引入配电室；终端焊牢一个M12镀锌罗栓，以25平方毫米铜线紧固于M12罗栓上做地线；原土坑埋平后，地线应用地阻表测得地阻必须小于4欧姆。

6. 接地装置腐蚀危害及防腐措施

接地装置的腐蚀是一个普遍存在的问题，变电站接地网最容易发生腐蚀的是接地引下线。由于腐蚀，接地线不能满足接地短路电流热稳定的要求，或者形成电气上的开路，使设备失去接地。电缆沟内的接地带也容易发生腐蚀，尤其是各焊接头。如果再串接有设备的接地引下线，则会造成若干设备或设备单元失去接地。

主接地网的防腐措施：采用降阻防腐剂。降阻防腐剂为弱碱性，pH值为10，而大多土壤为弱酸性，pH值为6，故可减弱对铁元素的腐蚀作用。采用导电涂料和锌牺牲电极联合保护，这个方法是将接地网涂两遍的涂料，再连接牺牲阳极埋于地下。采用导电涂料能降低接地电阻值，而且能使接地网的接地电阻变化平稳，比一般接地网少投资50%，能保护40年以上。不同的地域选用不同材料：腐蚀较严重的变电站应选取铜材，腐蚀轻微的变电站宜选用钢材。

接地引下线的防腐措施：涂防锈漆或镀锌。它属于一般的防腐措施。采用特殊防腐措施。包括在接地体周围，尤其在拐弯处加适当的石灰，提高pH值；或在其周围包上碳素粉加热后形成复合钢体。另外，在接地引下线地下近地面10～20cm处最容易被锈蚀，可在此段套一段绝缘，如塑料等，以防腐蚀。

电缆沟的防腐措施：降低电缆沟的相对湿度，使其相对湿度在65%以下，以消除电化学腐蚀的条件。接地体涂防锈涂料，但目前的防锈涂料只能维持两年左右。接地体采用镀锌或热镀锌处理。改变接地体周围的介质。其具体做法是在电缆沟施工中将接地扁钢三面浇注到混凝土中，对于各焊点再作特殊处理，如打磨焊渣、涂沥青或用混凝土覆盖。这样处理可保证在40年内，电缆沟中的接地扁钢不被腐蚀或仅有轻微腐蚀。

三、无机化工、石油化工行业

1. 无机化工行业

无机化工行业主要有 12 个，如下所示。

① 氯碱和电石行业。

② 化肥行业。

③ 纯碱行业。

④ 农药行业。

⑤ 染料行业。

⑥ 无机盐行业。

⑦ 化工新材料行业。

⑧ 精细化工行业。

⑨ 化学试剂。

⑩ 橡胶化工。

⑪ 化学矿山。

⑫ 化工装备制造。

其中，腐蚀最严重、对生产有较大影响的行业是氯碱和电石、化肥、纯碱、农药、染料和无机盐六个行业。

2. 有机化工行业

有机化工是有机化学工业的简称，又称有机合成工业。是以石油、天然气、煤等为基础原料，主要生产各种有机原料的工业。19 世纪末期，开始碳化钙的电炉法工业生产，为以煤为基础原料，从乙炔合成基本有机产品创造了条件；至 1910 年前后，在德国实现了由乙炔制四氯乙烷、三氯乙烯、乙醛、醋酸等的工业生产；其后到第二次世界大战前，由乙炔合成的其它产品在德国相继投入生产。以煤为基础原料的另一条主要路线，是从合成气或一氧化碳合成基本有机产品，1923 年合成甲醇在德国的成功，开始了以合成气作为一种工业合成原料的发展历史。

3. 石油化工行业

石油化工指以石油和天然气为原料，生产石油产品和石油化工产品的加工工业。石油产品又称油品，主要包括各种燃料油（汽油、煤油、柴油等）和润滑油以及液化石油气、石油焦炭、石蜡、沥青等。生产这些产品的加工过程常被称为石油炼制，简称炼油。石油化工产品以炼油过程提供的原料油进一步化学加工获得。生产石油化工产品的第一步是对原料油和气（如丙烷、汽油、柴油等）进行裂解，生成以乙烯、丙烯、丁二烯、苯、甲苯、二甲苯为代表的基本化工原料。第二步是以基本化工原料生产多种有机化工原料（约 200 种）及合成材料（塑料、合成纤维、合成橡胶）。

4. 石油化工行业的腐蚀损失

1999 年，"中国工业与自然环境腐蚀问题调查与对策"项目实施历时 3 年，于 2001 年完成了石油开采、炼制、电力、化工、汽车等 20 个行业的腐蚀调查，我国的年腐蚀损失在 5000 亿元以上；其中，石油化工行业的腐蚀损失占总产值的 6% 左右，高于其它行业的 1 倍；而且，一旦发生事故往往造成人员伤亡、停工停产和环境污染，造成的间接损失更多。

石化行业的主要腐蚀介质包括如下情况。

（1）大气腐蚀

石化产区 70% 的金属结构都是暴露在大气中，厂区大气中含有大量的 SO_2、SO_3、CO_2 及大量的氮氧化物。

（2）污水

石化在生产过程中产生大量的含盐及酸性和碱性污水。

（3）石油酸、中间产物和产物

石油炼制中的防腐设施包括如下情况。

① 石油储罐，包括原油储罐、成品油储罐、球罐、气柜和水罐等。

② 管道、操作平台、设备及附件。

③ 烟囱，包括烟道、预热器等。

④ 操作室及仓库墙面和地面。

⑤ 污水处理池。

⑥ 脱硫及制硫系统防腐。

四、行业防腐蚀实例分析

1. 材料选择优化

双相钢——奥氏体-铁素体双相中由于存在铁素体相在受力的作用下容易发生交叉滑移，生成网状位错结构，不形成粗大的滑移台阶，因此不易诱发应力腐蚀。常用的双相钢有 2507、2205、2304。

联碱工艺中的外冷器、透平叶轮阀门采用钛合金材料非常见效，这些关键设备腐蚀的解决大大减轻了跑冒滴漏，稳定了化工生产。

2. 金属热喷涂

在防止大气腐蚀、高温氧化腐蚀方面，金属热喷涂是一项有广阔前景的技术。多年来为解决硫酸生产转化器、热交换器等设备的高温氧化腐蚀，成功的采用了喷铝技术。

为解决大气腐蚀又在一些大型钢构件上采用了喷锌、喷铝与有机涂层联合保护的技术。

3. 玻璃钢增强材料

在玻璃钢材料的应用方面，一是采用增强材料或防腐层与其它材料复合成内衬；二是整体玻璃钢设备，地下海水输送管道外壁均采用环氧煤沥青玻璃钢作为防腐层，用玻璃钢做局部修补、堵漏也是一种行之有效的方法。

4. 橡胶衬里材料

在橡胶衬里的应用方面，沿用的橡胶衬里技术室热硫化衬里，以天然胶为主只能衬管道和小型设备。自然硫化橡胶衬里技术、预硫化橡胶衬里技术解决了大型设备的橡胶衬里。

5. 电化学保护技术

20世纪70年代中期，首先在氯化铵生产的冷析结晶器上实施了外加电流的阴极保护。80年代在氨冷凝器、海水冷却器上实施了牺牲阳极的阴极保护。1994年又在大型海水输送泵上实施了阴极保护技术。

电化学改性技术——对发生点蚀坑的焊缝进行堆焊修补然后打磨光滑，再进行电化学表面改性。不锈钢表面电化学刷镀处理技术特点是采用化学和电化学结合的方法。选择特定组成的溶液为处理剂，以待处理工件为阳极，电刷为阴极。

第四节　风险评估

一、风险

风险是指在某一特定环境下，在某一特定时间段内，某种损失发生的可能性；即一事故发生概率即可能危害后果的函数。风险是由风险因素、风险事故和风险损失等要素组成。事故本身是无法改变的，人们只能在有限的空间和时间内改变风险发生的条件或诱因，减少风险发生的频率，降低风险损失的程度。

通常用 R 表示风险指数，其表示式为：

$$R = f(P, C) \tag{8-1}$$

式中，P 为事故发生的概率；C 为事故损失大小程度。

随着对安全知识的重视和风险评估学科的细化，人为减少风险指数的风险抵消因子 S 被加入式(8-1)，得到式(8-2)：

$$R = f(P, C, S) \tag{8-2}$$

二、风险评估

风险评估（Risk Assessment）是指，在风险事件发生之前或之后（但还没有结束）对该事件给人们的生活、生命、财产等各个方面造成的影响和损失的可能性进行量化评估的工作。风险评估就是量化测评某一事件或事物带来的影响或损失的可能程度。

风险评估是对系统危险性进行定性和定量分析，评估系统发生危险的可能性、造成的损失及其严重程度；风险评估以安全管理和科学决策为基础，用专家经验和计算机存储、逻辑推理能力来预防评估事故。

另外，从信息安全的角度来讲，风险评估是对信息资产（即某事件或事物所具有的信息集）所面临的威胁、存在的弱点、造成的影响，以及三者综合作用所带来风险的可能性的评估。作为风险管理的基础，风险评估是组织确定信息安全需求的一个重要途径，属于组织信息安全管理体系策划的过程。

三、风险评估的目的及原则

1. 评估目的

评估的目的是使管理者掌握设备系统的完好程度和提前了解设备的危险程度，以便合理地分配维护资金，从而变设备系统的盲目被动维修为预知性主动维修。

2. 风险评估的一般原则

目前，最实际的方法是承认风险的三个层次：不可容忍、最低合理可行（As Low As Reasonably Practicable，ALARP）和可以容忍。

不可容忍是指除非在非常特殊的情况下，否则不能认为风险是合理的；可以容忍是指造成的风险很小，不需要采取进一步的预防措施；ALARP 意味风险介于上述两者之间，该方法称为 ALARP 原则。

由于任何风险不可能通过预防措施彻底消除，且当系统风险水平越低时，进一步降低风险就越困难，成本往往呈指数上升；因此，必须在系统的风险水平和成本之间作出折中，故 ALARP 原则被称为"二拉平原则"。

四、风险评估的分类

一般将风险评估分类为定性方法、半定量方法和定量方法。

1. 定性方法

定性方法主要根据经验对系统的工艺、设备、环境、人员、管理等各方面进行定性评估。常用的定性评估方法有安全检查表法、预先危险分析法、故障类型和影响分析法、危险可操作性等。该类方法的特点是：简单易行、评估过程和结果直观，但有相当高的经验成分，存在一定的局限性，不同对象的评估结果之间无可比性。

2. 半定量方法

半定量方法是以系统中的危险物质和工艺为评估对象，将影响事故频率和事故后果的各种因素指标化，用一定的数学模型综合处理这些指标，从而评估系统的危险程度。典型的应用包括：美国 DOWS（道化学公司）的火灾爆炸指数法、英国 ICI 的蒙德评价法、日本的六阶段安全法等。该类方法操作简单、应用广泛，但各指标的层次关系和综合方法缺乏足够的数学依据，且使用主观意识和经验成分较重的评估法来确定指标的取值。

3. 定量方法

定量方法是以系统发生事故的概率和后果来评估其危险程度，包括事故/失效树分析法 FTA、事件数分析法 ETA。该类方法有充足的理论依据，结果准确可靠，在核能、航天、航空等领域应用广泛；缺点是要求数据准确、充分，能充分描述系统的不确定性，通常要耗费大量的人力和物力。

五、风险评估的常用方法

1. 检查表法

根据经验或系统分析的结果，把评估项目自身及周围环境的潜在危险集中起来，列成检查项目清单，评估时依据清单逐项检查和评定。该方法只能做到定性分析，主要凭经验进行、操作简单，由于个人判断不同，结果会有差异。

2. 评分法

该法也称指数法，是根据对象的具体情况选定评估项目，每个项目均定出评价的分值范围，在此基础上由评估者给各个评价项目打分，然后通过一定的运算求出总分分值，根据总分值的大小对系统进行危害分级。

最早、最有名的是 DOWS 法，其全称是"火灾、爆炸危险指数法"。该法以物质系数和工艺危险系数为基础，分别计算特殊物质的危险值、一般工艺危险系数及特殊工艺危险系数，再通过一定的运算得出"火灾、爆炸危险指数"。并根据指数的大小对系统装置的危险程度进行分级，同时根据不同的等级提出相应的安全预防措施及建议。

蒙氏评估法（Mond）在前者基础上进行了重要补充，引进毒性的概念和计算，推广到包括物质毒性在内的"火灾、爆炸、毒性总指标"的初步计算，再采取安全措施加以补偿后的最终评价，从而增加了评估的深度。

3. 概率法

概率法主要是把事故后果的分析同实际运行中的事故发生概率的分析结合起来，根据系统各个组成要素的故障率及失误率，确定系统发生事故的概率，然后同既定的目标值相比较，判断其是否达到预期的安全要求。概率法非常重要，其应用较广的种类是事故/失效树分析法 FTA、事件数分析法 ETA。

事故/失效树分析法（Fault Tree Analysis，FTA），以一种不希望发生的事件为最后状态，然后使用系统分析的方法寻找造成这一状态的系列故障。例如反应堆堆芯熔化、锅炉爆炸、核潜艇爆炸、航天飞机爆炸等严重的不希望发生的事故，分析它们是由哪些原因造成的，这是安全分析的重要内容之一。FTA 在多数场合是定性分析，但在某些重要场合也可进行定量分析；该法是一种自上而下的分析方法，即计算出顶事件（被分析系统中不希望发生的事件、置于事故树的顶端）发生的概率，然后依次确定各个层次的事件概率。

事件数分析法（Event Tree Analysis ETA），该法从一个初始事件开始，经过不断发展，一直到结果的全部分析过程。可以把这种方法看成是 FTA 的补充，ETA 是从底部事件开始，经过各个阶段，看看它能达到什么结果。通过这两种分析，可以把一些严重事故的动态发展过程全部揭示出来。

第五节　工业行业腐蚀的风险评估

一、工业腐蚀造成设备损坏的预测

1. 工业腐蚀的特点

锅炉、凝汽器、汽轮机这些设备一旦发生腐蚀危害，后果不堪设想。在所有腐蚀类型中，研究较为透彻的是局部腐蚀和化学腐蚀。其中，局部腐蚀中的点蚀、化学腐蚀中的高温腐蚀在电力工业中占有重要位置。

高温腐蚀是金属在高温下与环境中的 O、S、C 发生反应导致金属的降质或破坏的过程；由于金属在高温腐蚀中往往失去电子而被氧化，所以该过程也称为高温氧化。

点蚀即孔蚀，是一种腐蚀集中于金属表面的很小范围内，并深入到金属内部的蚀孔状腐蚀类型，一般蚀孔直径小而深；点蚀的阳极面积小、腐蚀快，其最大危害是使炉管或设备穿孔而导致破坏。

在局部腐蚀损伤中，最大的问题是如何预测最大的侵蚀量或由此导致的最短服役时间。先获得该腐蚀的特征值，然后进行统计处理，在统计处理过程中所采取的分布即为极值分布（每一腐蚀试样都服从各自局部腐蚀的基本分布，而极值分布就是从这些基本分布中建立起来的）。孔蚀不能用失重法来进行评定或比较，为客观表示孔蚀的严重程度，一般综合评定蚀孔密度、蚀孔直径和蚀孔深度，且蚀孔深度最具实际意义；为此，通常测量面积为 $0.01m^2$ 的试样上 10 个最大蚀孔的深度，并取最大蚀孔深度和评价蚀孔深度来表征点蚀严重程度。

2. 腐蚀风险的计算方法

金属材料经过一定的服役期后，点蚀孔发生的时间和发展的速率不一样，点蚀孔的深度不超过数值 d 的概率为：

$$P(x \leqslant d) = 1 - e^{-d/x'} \tag{8-3}$$

式中，d 是统计点蚀孔深度时选定的深度范围上限值；x 为蚀孔深度；x' 为蚀孔平均深度。

通过统计的方法，可以检查蚀孔深度的概率分布是否服从式(8-3)，并估算参数 x。方法如下所示。

第一步，按几个不同的深度范围统计点蚀孔的个数，计算深度不超过数值 d 的蚀孔个数 N_d，则蚀孔深度不超过数值 d 的统计概率为：

$$P'(x \leqslant d) = N_d / (N+1) \tag{8-4}$$

第二步，计算对应于不同 d 值的特征值 a

$$a = d / \left[-\ln(1 - P') \right] \tag{8-5}$$

并计算所求得的 a 值的平均值及其标准偏差估计值，其平均值就是参数 x' 的估计值。

第三步，将求得的 x' 的估计值代入式(9-3)，计算出相应不同 d 值的 P，并与统计得到的 P' 进行比较，以确定蚀孔深度的统计概率是否符合式(9-4) 的概率分布。

二、腐蚀的风险预测

用统计的方法评估出蚀孔对材料寿命的影响，对实际应用有很好的指导意义。同时，根据腐蚀机理对设备系统进行风险分析，并利用各种方法评判出系统的相对风险数，为决策者进行风险管理提供科学依据。

以埋地石油管线材料为例，该材料发生腐蚀是不希望发生的事件，按照 FTA 的模型，可以列出埋地材料腐蚀的风险故障树，如图 8-1 所示。

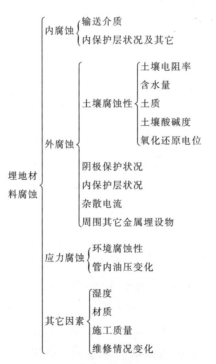

图 8-1　埋地石油管线材料的腐蚀风险故障树

总得来说，腐蚀可以分为内腐蚀、外腐蚀和应力腐蚀。内腐蚀主要与材料所盛物质、有无加入缓蚀剂和内涂层状况等因素有关；应力腐蚀则受埋地材料内外压力影响；外腐蚀主要考虑土壤腐蚀、阴极保护状态及保护层状况。

三、建立评分机制

根据以上所分析的机理，建立一种评分机制，将内腐蚀、外腐蚀、应力腐蚀和其它腐蚀按照各因素的危害程度予以打分。例如，锅炉炉管的腐蚀评分体系就包括管道的内腐蚀、外腐蚀、应力腐蚀等的评估。表8-1、表8-2分别给出了内腐蚀、外腐蚀的评分表。

表 8-1　锅炉炉管内腐蚀评分表

评估项目	评估指标	评价标准分数	评价得分
介质腐蚀性	强腐蚀性	8	0
	中等腐蚀性		3
	轻腐蚀性		6
	无腐蚀性		8
内壁状态及工况	管内钝化膜差	12	0
	管内钝化膜一般		3
	管内钝化膜良好		6
	有监测措施		3
	运行工况良好		5

表 8-2　锅炉炉管外腐蚀评分表（GB 13223—2011）

评估项目	评估指标	评价标准分数	评价得分
炉内燃烧脱硫、硝	无→有	5	0→5
炉内燃烧脱汞、除焦	无→有	5	0→5
烟气硫含量(省煤器出口)	1400→100mg/N·m³	8	0→9
烟气氮含量	400→100mg/N·m³	7	0→9
烟气汞含量	23→0.03mg/N·m³	7	0→9
锅炉结焦程度	无→有	6	0→6
除尘系统有无	无→有	3	0→3
烟气烟尘含量	22000→30mg/N·m³	3	0→3

四、腐蚀风险后果分析

腐蚀所引起的风险产生的后果，总体包括：介质泄漏的可燃后果、介质泄漏的毒性和环境污染后果、由腐蚀损坏所引发的运行中断后果（事故发生后，必须对受影响设备进行更换和维修，对环境进行清理）。

某一单元受腐蚀而引发可燃性介质泄漏，可采用道化学公司的火灾爆炸危险指数评价法，一般分4步确定可燃后果。

① 查可燃品物质系数，得出物质可燃性等级和物质的稳定指数。

② 计算单元工艺危险系数，周全考虑燃烧爆炸范围内各个放热反应、物料储运、明火设备、危险操作等。

③ 统计设备补偿系数，即各种安全设施和安全性设计如紧急工艺控制、隔离设施、防火设备，它们都会抵消部分危险性。

④ 计算火灾爆炸的危险程度，该法用损失财产衡量。道化学公司的火灾爆炸危险指数评估程序如图 8-2 所示。

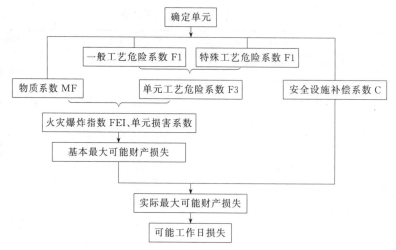

图 8-2　化学公司的火灾爆炸危险指数评估程序

介质泄漏的毒性和环境污染后果，毒性后果严重性评估与有毒物质本身所固有的特性和泄漏的有毒物质的量、人员暴露于危险环境的程度等因素有关。

五、腐蚀风险等级的确定

失效可能性根据数值的大小分为最不严重、略严重、中等、危险以及最危险 5 级，分别用 1、2、3、4、5 表示；失效后果根据严重程度分为不严重、不太严重、一般、比较严重以及非常严重 5 个级别，分布用 A、B、C、D、E 表示。从而可以得到 5 行 5 列的风险矩阵，如图 8-3 所示。

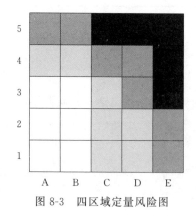

图 8-3　四区域定量风险图

白色代表低风险区、浅灰色代表中风险区、灰色为中高风险区、黑色代表高风险区。

六、石化行业腐蚀风险的评估模型

2000 年、2002 年美国石油学会（API）分布颁布了 API581、API580 文件；2001 年欧

洲提出风险分析的蝴蝶结模型（Bow Tiemodel），该模型是一套完整的基于风险的检验和维修的方法及相应的评价软件。

1. 风险评估案例分析

同类失效频率 F 数据来源于 23 家世界知名企业失效数据的历史统计，管理系数是对设备管理水平的评价；设备系数的计算涉及损伤次因子、通用次因子、机械次因子、工艺次因子 4 个方面，其中损伤次因子 DF（Damage Factor）的确定与检验间隔时间、检验有效性等有关。

$$F = F_g \times F_e \times F_m$$

三个因子分别代表平均失效频率、设备系数、管理系数。

$$DF = DF_t + DF_s + DF_h + DF_e + DF_b$$

总的损伤次因子包括减薄损伤因子、应力腐蚀损伤因子、高温氢损伤因子、外部腐蚀损伤因子、脆断损伤因子。

各种损伤模式下的 DF 得出以后，可以根据上式计算总的损伤次因子，然后根据表 8-3 确定失效可能性等级。

表 8-3　失效等级评价表

DF 系数	失效可能性等级	损失费用	失效后果等级
<1	1	<100,000 \$	A
1～10	2	100,000～1000,000 \$	B
10～100	3	1～10M \$	C
100～1000	4	10～100M \$	D
>1000	5	>100M \$	E

2. 定量风险评估的实现

定量风险评估的实现基于 RANSYS 软件。该软件以 RBI 定量风险评估技术为基础，综合考虑了设备失效可能性和失效后果，通过具体计算得出设备风险水平。

RANSYS 软件考虑了腐蚀减薄、应力腐蚀开裂、高温氢损伤、外部腐蚀、脆性破裂等失效模式和可燃后果、营业中断、人员伤亡等失效后果模式，适用于各种工业领域；通过定量描述设备的失效可能性和后果严重程度，对失效可能性及失效后果进行分级，给出设备风险水平，为管理者提供决策依据。

作业练习

1. 腐蚀调查的目的和方法是什么？
2. 腐蚀调查的要求是怎样的？
3. 腐蚀调查的步骤包括哪些程序？
4. 电力系统变电站接地网的防腐蚀系统是怎样的？有什么特点？

5. 电力系统高压直流输电系统由哪些部分组成？为什么需要有高纯冷却水系统？

6. 什么是腐蚀的风险评估？

7. 腐蚀后果的风险分析包括什么？

8. 化学公司的火灾爆炸危险指数评估程序是怎样的？

9. 腐蚀风险等级是如何确定的？

10. 腐蚀风险分析模型中失效频率的考虑因素包括哪些？

11. 如何实现定量风险评估？

参 考 文 献

[1] 李宇春，龚洵洁，周科朝. 材料腐蚀和防护技术. 北京：中国电力出版社，2004.

[2] Yuchun Li, Hongliang Zhang, Yuwu He. Evaluation of Anticorrosion Performance of New Materials for Alternative Superheater Tubes in Biomass Power Plants. High temperature materials and processes. 2016，35（8）：799-803.

[3] Yuchun Li, Hongliang Zhang, Yuwu He, Musong Lin, Mei Li, Wei Wang, Zhaojin Xu, Feng Zhong, Fan Yang, and Lei Ma. An Evaluation of High-Temperature Performance Of Superheater Materials In Biomass Power Plants. International Journal of Power and Energy Systems. ISSN：1078-3466，2015，35（3）：113-119.

[4] Yuchun Li, Hongliang Zhang, Yuwu He, and Musong Lin. A study on burst accident of superheater tube in a biomass power plant. International Journal of Power and Energy Systems. ISSN：1078-3466，2015，35（3）：120-126.

[5] 李宇春，张宏亮，何玉武 等. 高温熔盐电化学测试系统. 专利号：ZL 201410520725. 3 已授权.

[6] 何玉武，李宇春，张宏亮 等. T91 在 KCl·NaCl 熔盐体系中腐蚀电化学研究. 材料保护, ISSN：1001-1560 2016，49（5）：18-22.

[7] 王伟，马磊，米梦芯，陈琳，张岩，李宇春. 新型不锈钢材料在高温 KCl 蒸汽环境下的试验分析. 材料保护，2017，50（7）：71-74.

[8] 张宏亮，李宇春，王伟. 生物质电厂 3 种管材的耐腐蚀研究及爆管分析. 热能动力工程. 2016，31（11）：106-111.

[9] 曹楚南. 腐蚀电化学原理. 北京：化学工业出版社，2004.

[10] 梁成浩 主编. 现代腐蚀科学与防护技术. 上海：华东理工大学出版社，2007.9.

[11] 肖纪美、曹楚南 著. 材料腐蚀学原理. 北京：化学工业出版社，2002.9.

[12] 龚洵洁 编. 热力设备的腐蚀与防护. 北京：中国电力出版社，1998.

[13] 崔朝英 编. 火电厂金属材料. 北京：中国电力出版社，2005.7.

[14] 刘劲松，蒲玉兴 主编. 航空工程材料［M］. 长沙：湖南大学出版社，2015.08.

[15] 李民，程玉贤. 航空发动机用高温防护涂层研究进展［J］. 中国表面工程. 2012，25（01）：16-21.

[16] 杨薇. 航空发动机零部件三维激光堆焊技术工程应用的关键问题［J］. 应用激光. 2012，32（03）：184-187.

[17] 王颖，康敏，傅秀清 等. 发动机气缸电喷镀镍磷合金镀层及耐腐蚀性能［J］. 农业工程学报. 2014，30（15）：54-61.

[18] 张鹏，朱强，秦鹤勇 等. 航空发动机用耐高温材料的研究进展［J］. 材料导报. 2014，28（11）：27-31.

[19] 刘万福. 石油化工设备用材的基本要求和特点［J］. 科技创业家，2012，（19）：89.

[20] 凌悦菲. 玻璃钢技术在化工行业的应用［J］. 轻工科技，2017，33（11）：22-23.

[21] 陈雯，刘中华，朱诚意，何发泉. 泡沫金属材料的特性、用途及制备方法［J］. 有色矿冶，1999，（01）：35-38.

[22] 林宏斌. 化工耐蚀新金属材料开发应用［J］. 时代农机，2015，42（02）：74-75.

[23] 杨刚，孟秀青，潘洋，高磊. 金属爆炸复合材料技术特点及其应用领域［J］. 科技资讯，2016，14（22）：41-42.

[24] 李成钢，李献军，王镐，文志刚，冯军宁. 工业级锆材设备的应用及其制造技术［J］. 钛工业进展，2014，31（03）：14-17.

[25] 高卓然. 碳钢水冷器和埋地供水管道的腐蚀与防护［D］. 西安石油大学，2014.

[26] 蒋铭明. 新型水稳剂 ABEDP 的合成及其性能的应用研究［D］. 广东工业大学，2011.

[27] 薛富津，王巍. 换热器管束防腐蚀技术进展［J］. 全面腐蚀控制，2016，30（04）：7-11.

[28] 李瑞涛，唐道临，黄春梅. 某油田注水系统腐蚀因素分析及阻垢剂的优选［J］. 石油化工应用，2014，33（01）：111-114.

[29] 解旭东. 油田注水系统腐蚀原因及对策［J］. 油气田地面工程，2013，32（09）：114-115.

[30] 王庆. 东辛油田注水系统腐蚀结垢机理研究［J］. 石油化工腐蚀与防，2007，（01）：25-28.

[31] 刘治国，李旭东，穆志韬. 航空铝合金点蚀行为微观结构影响因素分析［J］. 装备环境工程，2017，14（03）：23-26.

［32］ 李矿，熊峻江，马少俊，陈勃.油箱积水环境下航空铝合金 2E12-T3 和 7050-T7451 疲劳性能实验［J］.航空材料学报，2017，37（01）：65-72.

［33］ 苏景新，邹阳，陈康敏，王志平，关庆丰.民航客机 7075-T6 铝合金壁板的腐蚀特征与机制［J］.机械工程学报，2013，49（08）：91-96.

［34］ 郭初蕾.新型铝合金在典型环境中的大气腐蚀行为研究［D］.北京有色金属研究总院，2013.

［35］ 刘旭.飞机铝合金结构腐蚀与防护研究［J］.世界有色金属，2015，（11）：103-104.

［36］ 张幸，何卫平.飞机外场腐蚀损伤检测方法研究［J］.装备环境工程，2014，11（06）：116-123.

［37］ 杜娟，张艺莹，陈翘楚，田辉.航空用铝合金在酸性盐雾环境中腐蚀电化学［J］.航空材料学报，2017，（04）：33-38.

［38］ 李佳，崔艳雨，石博.7075-T6 镁铝合金的微生物腐蚀行为研究［J］.全面腐蚀控制，2013，27（09）：56-60.

［39］ 宁丽纳.飞机燃油系统中微生物的影响研究［D］.中国民航大学，2015.

［40］ 李其连，崔向中.航空表面涂层技术的应用与发展［J］.航空制造技术，2016，（14）：32-36.

［41］ 张凯，马艳，杨世全.碳纤维复合材料的耐腐蚀性能.化学推进剂与高分子材料.2009，7（4）：1～4.

［42］ 天华化工机械及自动化研究设计院 主编.腐蚀与防护手册［1-4］.北京：化学工业出版社，2008.